ウォーター・ウォーズ

水の私有化、汚染そして利益をめぐって

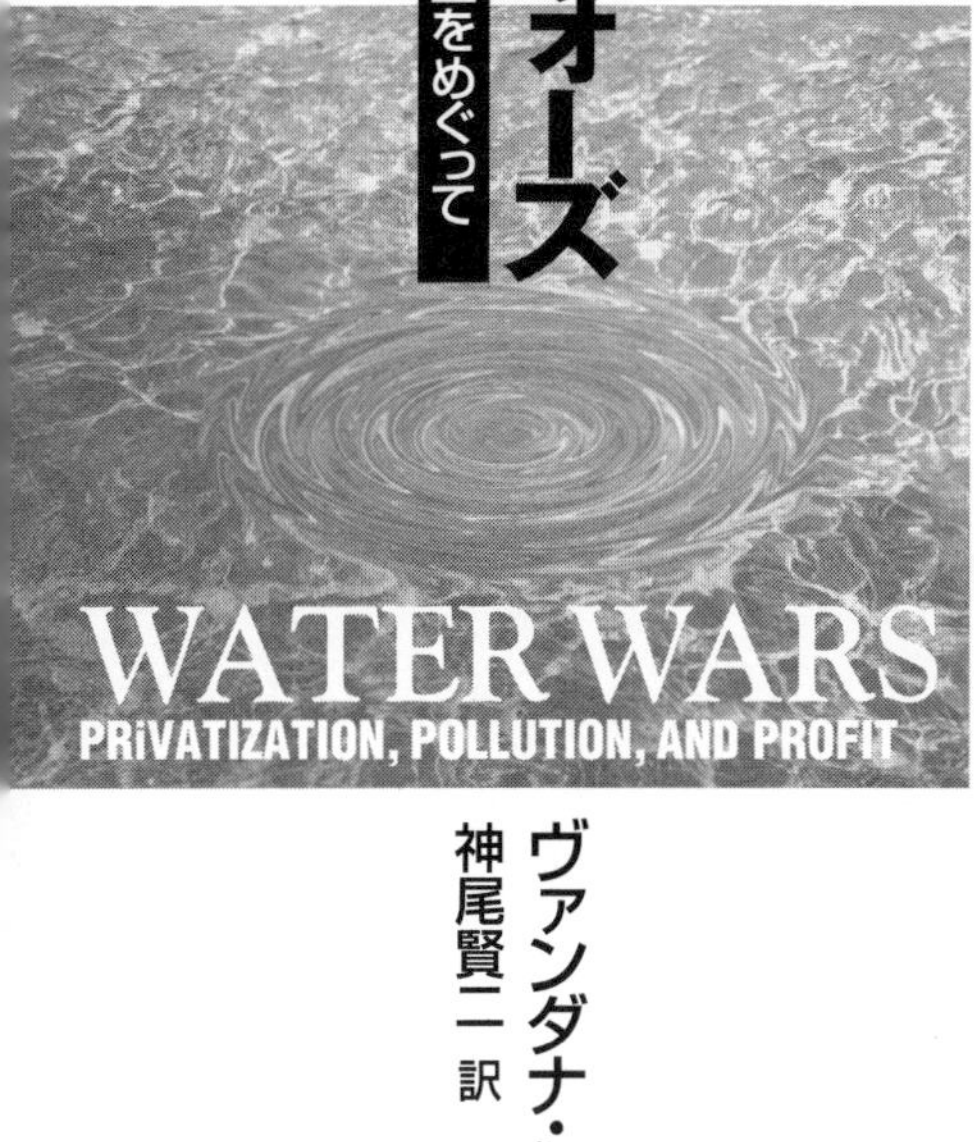

ヴァンダナ・シヴァ　著
神尾賢二　訳

緑風出版

WATER WARS
Privatization, Pollution and Profit
by Vandana Shiva

Contents

ウォーター・ウォーズ
水の私有化、汚染、そして利益をめぐって
目次

Contents

目次

本書を、あのバジラティの苦渋を呼び起こすテリ・ダムの底にわが家を沈められたテリとバジラティ渓谷の人々に捧げる。

水よ、我らに生きる力をもたらすものよ
我らに食物を得さしめるものよ
かくして我らは大きな歓びにあふれる
その至上の美味たる滴を分かち与えよ
あたかも母の慈愛のごとく
そなたが暮らしを与え、生命を授けた
生きとし生けるものの家に導かれよ
我らの安寧のため
女神に水が飲めるよう助けさせ
我らの上に幸福と健康をもたらせたまえ
選ばれしすべての母
全人類の支配者
水こそ癒し
水よ　我が身を鎧のごとく守りたまえ
かくして永く陽光が拝めるように
水よ　我が内なる悪を取り去りたまえ
我が欺瞞も
我が偽りの言葉も
我は今日水とまみえる
我らは滴とともにある
おおアグニよ
溢れる潤いよ
来たりて我を輝きにひたせよ

古代リグ・ヴェーダの讃歌「命の水」

*ポンディシェリ(pondicherry)
　インド南東部の連邦政府直轄領。1954年フランス領からインド領になり1962年インド直轄領となった。

Preface

はじめに

Preface

水戦争

一九九五年、世界銀行総裁イスマイル・セラゲルディンは水の未来について大げさな喩《たと》えで予言した。

「今世紀の戦争が石油をめぐって戦われたものであったとするなら、新世紀の戦争は水をめぐって戦われることになるだろう」

セラゲルディンが的を射ていたことは多くの兆候が示している。イスラエル、インド、中国、ボリビア、カナダ、メキシコ、ガーナ、アメリカ合衆国における水不足問題は大新聞、雑誌あるい学会誌の見出しになっている。(原注1) 二〇〇一年四月十六日の『ニューヨークタイムズ』は一面でテキサスの水問題を特集した。同紙はここでセラゲルディンと同様に「テキサスにとって今や石油にとってかわって水が黄金の液体となるだろう(原注2)」と予測している。『ニューヨークタイムズ』もセラゲルディンも未来の紛争において水が重要になる、ということに関しては正しい。しかし、水戦争は決して未来の話などではない。それは、常に水の戦争として見えているわけではないけれど、すでにもう私たちを取りまいていることである。水をどうとらえ、どう使うかに関わる戦争と、銃と爆弾で戦う戦争、このどちらもがパラダイム戦争である。あらゆる社会で水文化の対立が起きている。最近、干ばつと飢饉に関する公聴会のためにインド西部、ラジャスタン州の州都ジャイプールに行った際、私は二つの異なる文化の対立を目のあたりにした。デリーからジャイプールに向かう列車の中で出された瓶詰めの飲料水のブランドはペプシ系列のアクアフィナだった。そしてジャイプールの街に行くとそこには異なるもう一つの水文化があった。干ばつがピークになった時、ここではジャル・マンディルス（水の寺の意）という名の藁葺き小屋が建ち、瓶に入れた水を置いて人々に無料で配給していた。ジャル・マンディルスとは公共の場所に無料の水場をを作るピヤオスという古くからの伝統の一つなのである。これは二つの異なる文化の対立である。一つは水を聖なるものと考え、水を供給することは生命を維持するための務めだとする文化であり、もう一つは、水は商品であり水の所有権と売買は企業の基本的権利であると考える文化である。商品化の文化は、水を無償の賜物として分かち合い授受し合っている様々な文化と戦争状態にある。持続不可能で再生不可能な、そして公害を生むプラスティック文化は、土と泥に根差した文明、再生と若返りの文化と戦争状態にある。一億人のインド人がピヤオスの伝統を棄て、プラスチック・ボトルの水を飲んで渇きを癒しているのを想像してもらいたい。どれだけのプラスチックのゴミの山が現出するだろう？　棄てられたプラスチックはどれだけの水を台無しにするだろう？　水をめぐるパラダイム戦争は東西南北のあらゆる社会で起こっている。その意味において、水戦争はグローバルな戦争である。各地の多様な文化とエコシステムは、水が環境にとって必要な物だとする全地球的な倫理観を共有し、企業文化による民営化と欲望と水の共同使用権の取り込みに対決している。この環境紛争とパラダイム戦争の一方の側に、生命の維持に不可欠な水を求める数百万種の生物と数億の人類が存在する。他方には、スエズ・リヨネーズ・デゾー、ヴィヴェンディ・エンバイロンメント、ベクテルが支配し、世界銀行、WTO（世界貿易機関）、IMF（国際通貨基金）、G―7（先進七カ国）諸国の援助を受けた一握りのグローバル企業が存在する。

こうしたパラダイム戦争とともに地域間、国家間、共同体間に水をめぐっての現実の戦争が展開されている。パンジャブであれパレスチナであれ、政治的暴力はわずかしかなく、貴重な水資源をめぐる紛争から戦争が生まれる場合が多い。シリアとトルコあるいはエジ

プトとエチオピアのように明らかに水が紛争の原因であるケースもある。(原注3)

しかし、資源をめぐる政治紛争の多くが隠蔽され、封じ込まれている。権力を牛耳る人たちは、水戦争を民族・宗教紛争のように見せかけようとする。河川沿いの地域には多様な集団、多様な言語、多様な生活様式の多数の人種が居住している。このような地域の水紛争を、地域間の宗教戦争や民族対立として色づけするのはたやすいことだ。一九八〇年、一万五千人以上の死者を出したパンジャブ紛争(訳注1)の主たる原因は、川の水の使用権をめぐる不和と対立が根底にあった。ところが、パンジャブの河川水の使用と分配方法、開発計画の不一致を核心としたこの紛争は、シーク教徒の分離主義の問題である、と性格づけられた。水戦争が宗教戦争にすりかえられてしまったのである。水戦争のこのような誤ったとらえ方は、ここでこそまさしく必要な政治的エネルギーの方向を、水の共有をめざす持続的で正しい解決に向けることから反らせてしまう。これと似たことがパレスチナとイスラエル間の土地と水の紛争でも起こった。自然の資源をめぐる紛争は、とにもかくにも回教徒とユダヤ教徒の宗教紛争とされた。

この二十年間、私は、開発をめぐる紛争と資源をめぐる紛争が共同体間の紛争へと変貌し、過激主義とテロリズムを積み重ねて行く有様を目のあたりにしてきた。私が書いた『緑の革命とその暴力』はエコロジーのテロリズムを解き明かす試みであった。発展し多様化する原理主義とテロリズムによって表現される事柄から私が引き出した教訓は、次のようなものである。

一　決定権および資源に関する支配を集中化し、人々を生産的雇用と生活から剥離する非民主的経済は、不安の文化を作り出す。すべての政策決定は「我々」と「彼ら」の政治に置き換えられてしまう。「我々」が不当に扱われる一方で「彼ら」は特権を獲得する。

二　資源に関する権利の破壊と天然資源、経済、生産手段の民主的管理の瓦解が、文化のアイデンティティーを根底から浸食している。農民として、職人として、教師として、看護婦としてポジティブに生きてきたというアイデンティティーは姿を消し、限られた資源を支配する経済的、政治的権力という「もう一つの」アイデンティティーが登場する場において、文化は殻に閉じこもったネガティブなものへと矮小化されてしまう。

三　集中化された経済システムは政治の民主的基盤も浸食する。民主主義においては経済の課題は政治の課題である。前者が世界銀行やＩＭＦやＷＴＯに乗っ取られてしまえば民主主義は潰される。そうなると政治家が票を獲得するための唯一残された切札は人種、宗教、民族への依拠であり、それがひいては原理主義を呼び覚ますことになる。そして原理主義が事実上、民主主義の崩壊によって生じた空白を埋める役割を果たす。経済のグローバリゼーションは文化的多様性とアイデンティティーを浸食し、市民の政治的自由を略奪しつつ経済的不安を助長する。そして、原理主義とテロリズムを培養する格好の土壌を作り出している。企業のグローバリゼーションは人々をまとめるどころか共同体同士を引き裂いているのである。

人々と民主主義がサバイバルできるかどうかは、人々のものである資源の権利を破壊する経済のファシズムと、疎外と強奪、経済不安と恐怖を育てる原理主義のファシズムというグローバリゼーションの二重のファシズムにいかに対処するかにかかっている。二〇〇一年九月十一日のテロリストによる世界貿易センターとペンタゴンへの攻撃はジョージ・Ｗ・ブッシュ政権下の合衆国政府の叫ぶ「対テロリスト戦争」に一気に勢いを与えた。彼らの表現は誇大であるが、この戦争はテロリズムを把握していない。なぜなら、経済不安、文化的従属、環境的強奪というテロリズムの根源を衝いていないからである。事実、新しい戦争は暴力の連鎖反応を引き起こし、憎悪のウイルスを蔓延させている。スマート爆弾やじゅうたん爆撃によって受けた大地の大きな傷跡は今もそのままである。

平和のエコロジー

二〇〇一年九月十八日、私は世界中の人々とともに、九月十一日の世界貿易センターとペンタゴンへの攻撃で命を失った数千人の人たちを偲ぶ二分間の黙禱に参加した。私はまた、別の形のテロと数億人もの別の形の暴力の犠牲者の事を思った。そしてすべての形態の暴力に抵抗するという私の立場を再確認した。あの朝、私はオリッサのジョディア・サヒ村でラクスミ、ライバリ、スラナムという三人の女性と一緒だった。ラクスミの夫、ガビ・ジョディアは最近餓死した二十人の部族民の一人であった。同じ村ではもう一人、スバルナ・ジョディアも死んだ。あの日私たちはビラマル村にも行き、夫サドハ、長男スラート、次男パイラ、嫁のスラミを亡くしたシンガリという女性にも会った。世界銀行が押し付けた政策が食糧経済を弱体化させ、彼らのような部族民たちの飢餓に対する抵抗力を奪っていたのだ。

ノルウェーのハイドロ、カナダのアルカン、インドのインディコやバルコ・スターライトなどの巨大鉱山会社は共同でパルプ工場を建設し新たなテロの波を起こしている。彼らの狙いはカシプールの雄大な山並みに眠るボーキサイトの鉱床である。ボーキサイトはアルミニウムの原料となり、アルミニウムはコカコーラの缶になってインドの水文化を閉め出し、まさにアフガニスタンの国土をじゅうたん爆撃する戦闘機に使われるのだ。一九九三年に、私たちは私の故郷、ドゥーン渓谷での鉱山計画という環境テロリズムを阻止した。インド最高裁判所は、生命を脅かす事業は停止すべきである、として鉱山を閉鎖させた。しかし、一九八〇年代における私たちの環境運動の成果はグローバリゼーション政策に伴う環境規制の解除によって結実しなかった。アルミニウム会社はカシプール部族の土地を要求しており、住民と企業との間で大きな戦いが続いてきた。

人々の資源を強制的に取り上げることがテロリズムの一形態、企業テロリズムである。私はこの企業テロリズムの被害者のもとへ赴き連帯を呼びかけた。企業が彼らの生活基盤である二百カ所の村を奪い取る恐れがあるだけでなく、二〇〇〇年十二月十六日にはすでに多くの村民が警官に撃たれて命を落としていた。過去四十年間、ダムによって故郷を追い出された五千万のインド先住部族民もテロリズムの犠牲者である。彼らはテクノロジーと破壊的開発の恐怖に直面した。オリッサの巨大台風で死んだ三万人の犠牲者も、今後さらに過酷なものになる洪水や干ばつや台風で命を落とすであろう人々も、気候変動と化石燃料による公害のテロリズムに苦しめられているのである。

水資源と森林による集水、湛水の破壊もテロリズムの一形態である。水の分配を民営化し、井戸や河川を汚染し、貧しい人々から水へのアクセスを奪うのもテロリズムである。水戦争のエコロジー的文脈においては、テロリストとはアフガニスタンの洞窟に潜んでいる者だけを指すのではない。テロリストは企業の役員室やWTO、NAFTA（北米自由貿易協定）やFTAA（米州自由貿易圏地域）の自由貿易協定の背後にも隠れている。彼らはIMFと世界銀行の決める民営化設定条件の背後に潜んでいる。ブッシュ大統領は京都議定書の調印を拒否することで、地球温暖化のせいで大地からすっかり消されてしまうことになる多くの共同体社会に対して、環境テロリズムを犯すことになる。シアトルの抗議行動でWTOは「ワールド・テロリスト・オーガナイゼーション」と呼ばれた。なぜなら、その規定が数百万人の持続可能な人間生活の権利を否定するものだからである。

欲望と、貴重な地球資源を他人の分まで横取りする行為が紛争の源であり、テロリズムの根源である。ブッシュ大統領とトニー・ブレア首相が、テロリズムに対するグローバルな戦争の目的は、アメリカとヨーロッパの「生き方」の防衛にある、と宣言した時、彼らは地球に対して、石油と水と生物多様性に対して、宣戦を布告したのである。地球資源の八〇％を使用している、地球の人口の二〇％の人々、彼らの生き方が残りの八〇％の人間のための資源まで奪い、ついには地球を破壊に追いやる。欲望に特権が与えられ、保護され、欲望の経済が私たちの生き方と死に方を左右するのであれば、私たちの種が生き残ることはできない。

テロルのエコロジーが平和への道を示している。平和は環境と経済の民主主義を育み、多様性を育てることの中に横たわっている。民主主義とは単なる選挙の儀式ではない。それは自らの運命を形作り、自然の資源をどのように所有し、どのように利用するのか、いかに渇きを癒し、いかに人々の食糧を生産し分配するか、そしてどのような健康と教育のシステムを持つのか、これらのことを決める人々の力のことなのである。

二〇〇一年九月十一日のアメリカ合衆国の犠牲者のことを忘れないと同時に、私たちはこの地球の未来を脅かす別の形態のテロと暴力による、目に見えない何百万人もの犠牲者との連帯を強化したい。平和を創造するためには、水の戦争、食糧の戦争、生物多様性の戦争、大気の戦争を解決しなければならない。かつてガンジーは言った。「地球は皆の必要には充分だが一握りの欲張りには不充分である」と。水の循環は私たちを結びつけ、私たちは水から平和への道と自由の方法を学ぶことができる。この豊かな水の惑星に水不足を作り出す欲望と浪費と不正が引き起こす水戦争を、いかに克服するかを学ぶことができる。水の豊かさを取り戻すために、水の循環に取り組もう。水の民主主義を創造するために力を合わせよう。民主主義をうち立てることができれば、平和が生まれるのである。

【訳注】

1 パンジャブ紛争：一九八〇年初頭に始まったパンジャブ州の紛争は過激派シーク教徒による独立武力闘争に端を発した。一九八四年、アムリッツァーのゴールデンテンプルに立てこもったシーク教徒をインディラ・ガンジー首相が軍隊を使って弾圧、同年十月、シーク教徒の護衛が首相を暗殺、パンジャブは血で血を洗う内戦状態に陥った。インドはその後も、パキスタンとのカシミール紛争、スリランカのタミール問題など民族、宗教問題を抱えることになる。

Introduction
Converting Abundance into Scarcity

潤沢から欠乏への転換

Introduction

水は文化の母体であり、生命の基礎である。水はアラビア語ではウルドゥといい、ヒンドゥスタン語ではアブという。アバド・ラボという挨拶の言葉は繁栄と豊穣を願う意味を持つ。インディアという名称自体が大河インダスに由来し、インディアはインダスの向こうにある土地、と呼ばれていた。(原注1) 水は世界中の社会において物質的、文化的幸福の中心であり続けてきた。だが残念なことに、この貴重な資源が脅威にさらされている。この惑星の三分の二が水であるにもかかわらず、私たちは深刻な水不足に直面している。

水の危機は地球の環境破壊において、最も影響が広く、最も過酷で、最も不可視な次元にある。一九九八年には二十八の国々が渇水または水不足に見舞われた。(原注2) この数字は二〇二五年までには五十六カ国にまで増加すると考えられる。一九九〇年から二〇二五年までに水が充分にない国の人口は一億三千百万人から八億一千七百万人に増えると推定される。(原注3) インドは二〇二五年よりもはるか以前に水不足国家の仲間入りするものと思われる。(原注4)

一人当たり年間供給量が一千立方メートルを下回るとその国は深刻な水不足に直面している、とされる。この数字以下では、その国の健康と経済の発展は相当に損なわれる。一人当たり年間供給量が五百立方メートルより下がれば人々の生存に極めて多大な支障をきたす。一九五一年、インドにおける一人当たり年間平均供給量は三千四百五十立方メートルであった。一九九〇年代後半にはそれが千二百五十立方メートルにまで下がった。二〇五〇年には七百六十立方メートルにまで下降すると推定されている。一九七〇年以来、世界の一人当たりの水の供給量は三三%にまで低下している（原注5）。この低下は人口の増加だけの結果ではなく、水の過剰な消費によって激化したものである。二十世紀を通して水の利用率は人口増加率より一・五倍超過した（原注6）。

　私は自分の国が、水の豊かな国から水不足の国に変貌する様を目のあたりにしている。一九八二年、集水地帯の多孔質岩地層の採掘によって、ずっと昔から故郷の谷を流れていた川が干上がってしまった。また、ユーカリの単一植林が広がり、デカン高原の各地の貯水池（訳注）や川が干上がったのもこの目で見た。緑の革命のテクノロジーが水をがぶ飲みしたせいで、水飢饉が州から州へと続発したのも目撃した。水に恵まれた地方の水源が汚染されてしまい、私は共同体の人たちと共に闘った。どの場合を見ても、水不足の物語は、欲望とずさんなテクノロジーと、自然が補充し浄化できる以上のものを手に入れようとする人たちが登場する物語なのであった。

水のエコロジー

水の循環とは、雨または雪という形の生態系によって水が得られる環境プロセスのことである。空から落下する水分が川と地層と地下水を補充する。ある生態系がどれだけ水に恵まれるかはその地域の気候と地理と植生と地質に依存する。これらの側面の一つ一つにおいて、現代人は大地を酷使して、水を受けとめ、吸収し、蓄積する大地の能力を破壊してきた。大地に水を溜め置く湛水能力は、森林伐採と鉱山採掘によって破壊された。単一栽培農業および単一植林が生態系から水を吸い取ってしまった。化石燃料の消費の増大が大気汚染や異常気象を引き起こし、洪水、台風、干ばつの原因となった。

産業植林と水の危機

森林は、水を溜め、保ち、川や泉という形をとって徐々に水を放出する自然のダムである。森林は屋根となって降雨や降雪を遮り土壌を保護し、森林床の吸水力を高める。水の一部は水蒸気となって大気に帰る。森林床が枯葉や腐食土で覆われていれば水は保持され再生される。森林伐採と単一栽培農業は水を流し去ってしまい、土の貯水能力を破壊する。

インド東北部のチェラプンジは年間降雨量十一メートルという地球上で最も湿度の高い地方である。今日、ここの森は姿を消し、チェラプンジは飲料水問題を抱えている。私が物理学から生態学に転向したのも子供の頃に遊んだヒマラヤの川が姿を消したことが刺激となったからである。チプコ運動(訳注1)もヒマラヤの森林伐採による水源の破壊を阻止するために始められた(原注7)。

ヒマラヤ地方の環境危機は商業植林によって加速された。水源が枯渇するとともにそれまで自給自足で暮らしていた村々が食料を買わなければならなくなった。森が無くなると洪水や地滑りが頻繁に起きた。一九七〇年のアラクナンダ災害では巨大な地滑りでアラクナンダ川が埋まってしまい、一千キロにわたる洪水となり、多数の橋や道路が流され倒壊した。一九七八年に起きたタワガットの悲劇ではさらに大きな犠牲を払わねばならなかった。山の尾根がまるごとバギラティ川に崩れ落ち、直径四キロの湖が現出した。湖はガンジス平野に溢れ出して洪水となった(原注8)。この災害が政府をして森林が持つ保水能力の価値を気付かせた。

こうした水害のはるか以前にヒマラヤの危機についての警鐘は鳴らされていた。一九五二年、ガンジーの弟子のミラ・ベンは言っている。

「年々、北インドの洪水はひどくなっており、今年の洪水は全くもって壊滅的なものであった。これはヒマラヤに何か根本的に良くないことがあることを意味している。そしてその『何か』とは、間違いなく森と関係がある。これは、私の信ずるところ、一部の人たちが考えているような乱伐の問題だけではなく、もっと大きい、種の変化の問題である。

数年間続けてヒマラヤ地方に暮らしてきた私は、山の南斜面の樹木の種に重大な変化が忍び寄っているのを辛い思いで眺めている。この斜面から水が流れ落ち下方の平野を水浸しにするのである。致命的なのはバンジ（ヒマラヤ樫）からチール松(訳注2)への転換である。これは大変なスピードで進行しているが、乱伐のせいではなく森林の植物相の変化が原因であることから真剣には受け取られていない。事実上、ほとんど商業主義の営林局はチール松が非常に有用であることからこの現象に目をつぶろうとしている(原注9)」

ヒマラヤ山脈の水源を保持する基本メカニズムである樫林の腐葉土の価値が説かれ、森林消滅の警鐘が鳴らされたにもかかわらず、産業植林はおさまりを見せることなくこの地方の大規模な破滅に向かって行った。

ユーカリと渇水

インドやその他の第三世界の国々では、紙とパルプを作るためのユーカリのモノカルチャーの拡大が水問題の大きな原因となってきた。ユーカリは原産地のオーストラリアでは生態系に適合しているが、水の少ない地域では危険な存在である。ユーカリは原産地以外では自生システムを持てない植生である。オーストラリア中央科学産業研究機構の研究によると年間降雨量一千ミリ以下の年における土壌中の水分と地下水の不足はユーカリが原因である。オーストラリア国内で報告された水源の急激な壊滅はユーカリの大規模植林の結果であることも確認されている。(原注10)

マハシュヴェタ・デヴィ(訳注3)はインドのビハールとベンガルの部族社会地域の水源へのユーカリの影響について述べている。

「私は私の知っているインドのことが気がかりなのだ。私のインドとは、貧しく、飢え、救われない人々のことである。彼らのほとんどは土地がなく、土地を持つわずかな人々は自然から与えられた資源で幸せに生きている。プルリア、バンクラ、ミドナプール、シンブム、パラマウなどの地方がユーカリで覆われてしまうということは、私のインドから飲料水と灌漑用水が奪われることなのである(原注11)」

一九八三年、カルナタカ州の農民が集団で森林種苗場にデモ行進し何百万本ものユーカリの苗木を根こそぎ抜いてしまい、自分たちの土地にタマリンドとマンゴーの種を植えた。(原注12)

南アフリカでは女性たちが河川や地下水源を枯渇させてしまったユーカリの木を伐採する大キャンペーンに乗り出した。南アフリカの「ワーキング・フォー・ウォーター（水のための仕事)」プロジェクトは、水利林野庁が先頭に立って一千万ヘクタール以上の土地に広がる原産植生を上回る三十三億立方メートルの水を消費していたユーカリのような外来植物を排除して水源を回復させる事業を進めた。河川の堤からユーカリの木を抜き去ってしばらく経つと河川の流水量は一・二倍に増加した。(原注13)

鉱山と水の危機

鉱山は湛水を破壊する行為である。一九八〇年代、石灰石の採掘によって私の故郷のドゥーン渓谷は破壊された。鉱山会社は石灰石を単に工業原料としてしか見なさず、その大きな貯水能力については完全に無知であった。ドゥーン渓谷の湛水層を貫く深さの建造物を作るのに五億ドルが費やされた。(原注14) 水源破壊に加え、険しい断崖での採掘が地滑りを引き起こし、河川は瓦れきで埋まってしまった。深くて細い渓流が瓦れきの流れに変わり、周りの土地より高くなってしまったのを私はこの目で見た。石灰石の採掘が原因で、豊かな雨水をたたえた渓谷が枯れた土地に変わってしまったのである。

ドゥーン渓谷の石灰石の採掘をめぐる紛争の間、ムスーリエ丘陵地帯に再集中した水源は見捨てられ、ないがしろにされていた。ドゥーン渓谷の天然資源の価値が下がったのは、従来の経済と開発モデルによる自然軽視の拡大によるものだ。自然資源を生態系全体に位置付けることができない現代経済の誤りは多くの人が指摘してきた。ニコラス・ジョルジェスク・レーゲン(訳注4)はこの従来型の経済学の無効性について雄弁に要約している。「保証金なし、返却金なし的な思考がビジネスマンの経済活動に有用である。もし金だけを見るならば余程のことがないかぎりそれは人の手から手へと渡っているだけで経済の流れの外に出ることはない。現代経済が発展し花開き、国々は原料確保の懸念もなくなり、財界人はこの重大な経済の要素に対して盲目になった。世界の天然資源の支配をめぐって同じこれらの国々が戦った戦争ですら財界人たちを眠りから覚ますことはなかった」(原注15)

経済危機が深まれば、テクノロジーによる代替物がこれまで通りの物とサービスをもたらすためのコストを基準にした価値を、自然の機能に委ねる適切な生態調査を通して、自然の価値と機能を考慮せざるを得なくなる。かくしてムスーリエ丘陵地帯の価値と貯水能力が、必要な水の質と量を確保するために求められる設備技術のコストと同等になる。明らかなことに、そこに生じる損害も巨大な水の仕組みの破壊と同じである。資源の社会的、環境的価値を理解することは、その公平で持続可能な利用につながる。対照的に、資源を市場価格としてのみ評価すれば持続不可能で不公平なパターンを生む。

一九八二年、ニューデリーのインド政府環境省は、私と環境学者のチームに鉱山の影響評価の指揮を依頼した。私たちは山と渓流を救う運動を作るために地域コミュニティと協働し市民団体を支援した。環境省はドゥーン渓谷の石灰石採掘を止めさせる法的手続きを開始し、一九八五年に最高裁判所はこの地方にあった六十カ所の鉱山のうち五十三カ所を永久的にまたは一時的に閉鎖する命令を下した。法廷は次のように論告した。

「本案件は環境と生態のバランスに関する課題を有するこの種ではわが国最初のものである。そしてここで生じた問題は、ヒマラヤ山系の一部を形成するムスーリエ丘陵地帯に居住する人々だけでなく、この国の人々全体の幸福に関わる由々しき事態と重要性として考慮すべきである。これは開発と保護との間の対立に鋭く焦点を絞るものであり、この両者を和解させる必要を強調する一助でもある」(原注16)

法廷はさらに鉱山の稼働を停止させることが、「人々が、生態系バランスの崩れを最小限に留め、彼ら自身と家畜と住居と耕作地に危険が及んだり空気と水と環境が甚だしく冒されることなく、健康な環境の中で生きる権利を保護し防衛するための代償である」(原注17)と念を押した。

インド最高裁判所の決定は、安定した健康的な環境を人権として認めるための前段となった。法廷が市民のために介入したのである。

一九八〇年代の民主的、環境的勝利は、残念ながらグローバリゼーションによって覆えされてしまった。鉱山は古代からのいくつかの水利システムの発祥地であるラジャスタンを含む最も傷つきやすい地域に広がっている。石灰石の採掘はグジャラトの沿岸地方で増大している。ガンジーの生まれ故郷の周辺では二十五カ所のセメント工場が天然の貯水・保水システムを掘り返し、地域を渇水の危機にさらしている。聖なる山、ガンドマルダンは多種の植物の宝庫であり山の水は二十二の渓流となってそれぞれが大河に注いでいく。

一九八五年、バラート・アルミニウム会社（BALCO）（訳注5）がこれらの聖なる土地を冒瀆し始めた。BALCOはボーキサイトの採掘に関与していた。同社はナルマダ川、ソネ川、マハナディ川の源流があるもう一つの大切な山、アマルカンタックの神聖さと生態系を破壊した後、ガンドマルダンにやってきた。一九八五年以来、この地方の部族社会は同社の操業に反対し雇用の誘いを拒否し続けてきた。警察も断固たる抗議行動を止めることができなかった。警官隊に押し返されながら「マティ・デヴァータ、ダラム・デヴァータ」（大地は女神なり。それが我らの信仰だ。）と「ガンドマルダンを救え」運動の婦人たちが唱えていた。その一人、七十歳の老婦人ダンマティは女性たちの信念をこう表現した。

「私たちは命を犠牲にしてもいい。でもガンドマルダンは犠牲にできない。すべてを与えてくれるこの山を、私たちは救いたい（原注18）」

インドに余剰鉱物資源があることを考えると、この聖地でBALCOがアルミニウム鉱を探しているというのは穏やかな話ではない。この地域の人々はずっと昔から、工業化社会になる以前の方法でアルミを精練することができる。今日でもこのような職人はオリッサにいる。部族の技術は鉱業会社のように川や山を破壊することはない。BALCOの鉱山業はインド人のニーズに根差してはいない。それは環境問題が理由でアルミニウム精練を止めてしまった工業国の需要に全面的に左右されている。日本はアルミニウム精練高を百二十万トンから十四万トンに削減し、現在ではアルミニウム消費量の九十%を輸入している。(原注19) 金持ち国家の経済と環境と贅沢なライフスタイルを維持するために、ガンドマルダンの部族社会が生き残れるかどうかの瀬戸際に立たされているのである。

地域的、かつ全国的な環境運動が、河川を守るために、多くの脆弱な集水層での採鉱を阻止してきた。しかしグローバリゼーションは数多くの法律を覆した。鉄、マグネシウム、クローム、硫黄、金、ダイアモンド、銅、鉛、亜鉛、モリブデン、タングステン、ニッケル、プラチナの十三種の鉱物の採掘が許可され、採掘事業の規制が改変された。鉱山の五〇%以上を所有する外国企業には自動的認可まで与えられた。(原注20) 一つの採掘許可に対する標準面積制限は二十五平方キロメートルから五千平方キロメートルにまで緩和された。

現在、ガンドマルダンにはリオ・ティント・ズィンク（RTZ）をはじめとする大企業があるが、地域の部族社会はこれを歓迎してはいない。選挙で選ばれた村民代表の女性、バサノ・デフリは指摘する。「企業がやってくればゴミを投棄して川の水源を塞いでしまう。だから私たちは鉱山はいらない」[原注21]。村人の一人ティカヤット・デフリは「なぜ私たちが鉱山で働かなければならないのか？　欲しいものはすでにある。もしあんなところに行けば私たちだけが働いて、また働いて、そして最後には彼らが良い物を全部かっさらっておさらばする」[原注22]。

オリッサでは鉱山をめぐって地域共同体と、軍が支援する多国籍企業との間で生死を賭けた闘争が起きた。二〇〇〇年十二月、鉱山反対抗議行動でデモ隊に死者が出た[原注23]。漁業あるいは林業においても、鉱山または工場の公害でも、企業というのは市民の直接行動か法廷の力によってしか水資源を破壊するのを止めないのである。

干ばつは天災ではない

一九五〇年代以来、緑の革命は特にインドや中国のような開発途上国での食糧供給の拡大に成功し、高い評価を浴びてきた。(原注24) 高収穫をもたらす奇蹟の種子が開発途上国に導入され、緑の革命は何千万もの人々を飢餓から守ったとして賞賛された。緑の革命の環境的、社会的コストは大きく看過された。高収穫種子の重要さを通して、この農業モデルは各地に産する干ばつに強い多様な穀類を排除し、かわりに水分を濫費する作物を採用した。水集中的な緑の革命によって水源がわずかしかない地域でも井戸が掘られるようになった。

緑の革命以前は地下水は保護的な土着の灌漑技術によって確保されていた。しかしこうした技術は改善可能な人力または家畜の動力に頼っていたため「非能率」とされ、その後石油発動機や電動ポンプにとって替わられ、自然のサイクルが地下水を充填するより早く水を汲み上げるようになった。

管井と動力ポンプ

インド全土にわたって地下水の非公式な私有化の一環として、化石燃料と電力で動く井戸が雨後の竹の子のように現出した。一九七二年のマハラシュトラの干ばつ(訳注6)の後、世界銀行が多額の援助で汲水システムを機械化した。銀行はまた商業灌漑用水に便宜を与え、水不足を緩和するため管井(訳注7)の建設費用を融資した。結果はさとうきび栽培の激増であった。マハラシュトラは今「さとう成金の里」の異名で知られている。このさとうパワーが実はマハラシュトラの田園地帯の水源のお陰で成り立っていることが最近になって分かった。

さとうきび畑は、十年足らずの間に地下水を商品に変え、農民と主食穀物に渇きをもたらした。(原注25)さとうきびの栽培面積はマハラシュトラの灌漑農地の三%にすぎないにもかかわらず灌漑用水の八〇%、そして他の穀物の八倍の水を費やしている。国が飢餓と闘っている時にさとうきび栽培とさとう工場は繁盛する。十年前はマハラシュトラには七十七のさとう共同組合があり、用水の七〇%が村の水であった。さとう工場は管井の建設を積極的に支持してきた。その間に共同井戸と小作農家の浅い井戸は枯れてしまった。

例えばサングリ地方(訳注8)では水不足がひどくなってはいるが、さとうきび栽培のための地下水灌漑はこの二十年で劇的に増加している。雨水だけで育てる雑穀生産から水を濫費する換金作物への転換によって平均世帯収入は増えたが代償は大きかった。マネラジュリー村は、短期的には経済的利益を得たが、長期的に見ると物質的にも環境的にも大きな代償を払った地域の典型的な例である。一九八一年十一月に、一万四千ドルを投じた五万リットルの供給予定の新給水計画が認可された。水の供給は一年しかもたなかった。生産を上げるため六十メートルの動力ポンプ三基が最初の井戸の近くに打ち込まれ、一九八二年には毎日五万リットルの水が供給された。しかし一九八三年十一月に、三基の井戸はすべて涸れてしまった。このさとうきび地帯にある二千カ所の私有の井戸も渇れた。この地域は一九八三年からずっと給水車による水の補給を受けている。

インド中央部のマルワ台地はもう一つの悲劇である。「どこの家にも食べ物があり、どこに行っても水がある、マルワの土の豊かさよ」と言い習わされていたほど、以前は豊かな水に恵まれた地方であったが、今ではすっかり枯れてしまい、住民は水を求めて四キロの道のりを歩く。水飢饉は管井への依存と伝統的な用水システムの放棄の結果である。

ベラワティの村ではこの十年間に五百基の管井が作られたが今は五基しか稼働していない。(原注26) 他はすべて枯渇した。グライヤ村では百基中十基だけしか水がでない。イスマイルカダ村では七年間に一千基の井戸が掘られ、村々を何世紀にもわたって潤してきた十二の池を枯らしてしまった。住民は今、水を得るため二キロの道を往復する。サピドゥラでは二百基の管井が掘られたが動いているのは四基だけである。(原注27)

機械による取水は世界の他の地域でも環境を圧迫している。アフリカのサハラ砂漠開発計画が一九七〇年代および一九八〇年代のサハラ大飢饉の大きな要因となった(原注28)。牧畜地帯の開発には井戸を掘ることが最善策だと信じられていた。家畜を各地に移動させる伝統的な牧畜のやり方が動力井戸の導入とともに崩壊した。新しい井戸は牧畜に必要な量以上の水を供給し、家畜を一カ所に定着させることになり、家畜は一定地域の草を食べ過ぎることとなる。牧畜の定住化は砂漠化の問題を悪化させた。水供給量の低い条件下での生存を何世紀にもわたって保証してきた伝統を無視した結果である。

共同体の権利と集団経営

先住民の共同体の大部分において水の集団的権利と運営が、水の保護と収穫の鍵であった。水の使用に規則と限度を設けることによって、水の集団的運営は持続力と公正さを保証してきた。しかし、グローバリゼーションの出現とともに共同体による水の統制が崩壊し、水の私的利用が定着しつつある。水再生の伝統的システムは今、壊れかかっている。伝統的な水利システムを利用している百五十二の村落を調査したところ、そのうちの七十九カ所の水が枯渇したか、または汚染されている。(原注29) ムンドラナ村のチョバラ池はまだ共同管理されており十の村々に水を供給している。一方、かつて数百もの池と水槽を有するのを誇ったところからその名が由来するマンクンドの村には今、水がない。この地域に導入された一千基の管井が昔からの水源を汲み尽くしたのである。(原注30)

水は水源が補充され充塡可能な範囲内で使用されて初めて利用できるものである。開発哲学が共同体による制御を崩壊させ、かわりに水の循環を犯すような技術が奨励されると、水不足は不可避となる。インドでは水対策に資本がつぎ込まれても逆に水不足に悩む村が増えた。

一九七二年、政府は水問題に直面する村十五万カ所を特定、そのうち九万四千カ所に対する給水計画を適用した。計画には遠隔地から送水するための管井の掘削とポンプの設置も含まれていた。こうした努力にもかかわらず一九八〇年には水不足に苦しむ村の数は二十三万一千カ所にも増加した。そこで政府はさらに九万四千の村の救済を決定した。一九八五年、合計十六万一千七百二十二の村が依然として水の問題を抱えている。この年、七十カ所を除くすべての村で調査が行なわれたが、一九九四年までに十四万九百七十五の村

が渇水していた。（原注31）

一九七〇年代と一九八〇年代に世界銀行とその他の援助機関は水供給の手段として破滅的テクノロジーに目を向けた。一九九〇年以来、これらの機関は水の民営化と商業ベースの流通を強引に進めてきており、これがまた負けず劣らず破滅的未来を約束するものである。インドのグジャラト州とマハラシュトラ州で世界銀行は彼らが一九八〇年代から行なってきた技術集約型水利システムの失敗を補うものとして水の民営化を押し進めている。結果は加速的な地下水の汲み上げである。水が不足しているグジャラト州で地下千五百から千八百フィートの地下水が吸い上げられ、地表層の水源の水位は下がり、溜池は干上がった。

昔、グジャラト州には数多くの貯水槽（訳注9）と井戸があり高い機能性を発揮していた。一九三〇年代には井戸はこの地方の灌漑用水の七八％を満たしていた。（原注32）水はコスと呼ばれる土着の汲水装置で家畜を動力源に汲み上げていた。一九八五年および一九八六年に水飢饉が襲った時、政府は世界銀行と一緒になって緊急措置を講じグジャラト州は特別列車、給水車、らくだ、牛車を使っての飲料水の供給を受けた。

一千八百万ドル近くを投じた政府の措置は問題をさらに大きくした。約四千基の管井による新水源が枯渇した。政府は長距離送水と管井の増設のために、また一千九百四十万ドルを追加した。世界銀行も給水プロジェクトに二千八百四十万ドルの融資を行なった。最終的にこれらの計画は水を確保することに失敗した。(原注33)

一九八〇年代のマハラシュトラ州の水飢饉も似たような話であった。マハラシュトラの九三%がデカン高原を形成する堅い岩盤層である。地中には地下水を溜めるすき間が少なくデカンの湛水復元の速度は遅い。従ってデカン高原には地下帯水層のようなものはない。水は岩盤のすき間か地表の平原に局地的に溜まっている。伝統的にマハラシュトラの地下水は手掘りの露天井戸で汲み上げてきた。この州の五九%の地域が九十三万九千個の露天井戸の水で灌漑されてきた。大規模の開発プロジェクトがより深い掘削と強い動力で水を吸い上げることによって、こうした限界を乗り越えようとしてきた。旧式の汲水方法は非効率的とみなされた。ある専門家はこう語っている。

「一九六〇年から一九六一年にかけてマハラシュトラには五十四万二千基の井戸があった。一九八〇年にはこの数字が八十一万六千基まで増えた。過去二年の年間平均増加数は一万三千七百である。特筆すべきは、井戸の数が二十年間に約五一％増えただけなのに、これらの井戸が潤す地域が同じ年月の間にほとんど倍近くになったことである。これは主にペルシャ式風車などの時代遅れの井戸汲み装置に替わって機械化された井戸（石油発動機あるいは電動ポンプ装置）の数が増加したことによる。汲水の機械化が井戸の利用価値を高め最適な井戸水利用をもたらした（原注34）」

しかし、動力ポンプによる井戸の効率アップの考え方は長続きしなかった。強力な汲水技術は単に水の枯渇につながっただけで最適な利用とはならなかった。

エコロジーの民主主義

テクノロジーによるエコロジー問題の解決は成功していない。水の開発についての還元主義者（訳注10）の仮説は、天然資源の利用が必要な場合、自然は不十分で伝統的方法は非効率的であるというものである。しかしながら異なる環境地域が多様な文化と経済の基礎になってきた。乾燥地帯は牧畜文化を支えてきたし、半乾燥地帯では保護灌漑を伴う乾地農業が営まれてきた。

世界が深刻な水の危機に直面していることは誰もが認めている。水に恵まれていた地域が渇水に直面し、水が欠乏していた地域は水飢饉に直面している。しかし水の危機を説明するためには二つの対立するパラダイムが存在する。市場のパラダイムと環境のパラダイムである。市場のパラダイムは水の不足を水の売買の不在から生じる危機として見る。このパラダイムが主張するのは、もし水が自由市場を通して自由にやりとりされ、販売されれば、水は欠乏した地域に輸送され、高価格が水の保守につながる、というわけである。テリー・アンダーソンとパメラ・シュナイダー(訳注11)が言うように「価格が高ければ人は物を節約する傾向になり、目的を果たすために替わりの手段を探し求めるものである。水も例外でない(原注35)」。

市場の仮説は水の循環が規定する環境的限界と貧困に規定された経済的限界について何も見ていない。水の過剰使用と水の循環の破壊によって絶対的な水不足が生まれ、市場は水を他の物で間に合わせることなどできないのである。代替物の仮説は商品化論の核心である。例えば、経済学者ハーシュライファー(訳注12)一派は次のように言っている。

「水は、例えば地下水または流れとして自然によって供給され、場所によってはコストなしに手に入るけれど、運搬するには経費がかかる、といった特別のあり方をした商品であることは否めない。しかし、水を分析してみればどのような理由を並べてみてもこれが特に重要なものだという説は成り立たない（原注36）」

このような抽象論議では最も肝心な点が抜け落ちる。水が無くなればその替わりはない、ということである。第三世界の女性にとって、水不足とはすなわち水を求めてもっと長い距離を旅することを意味する。農民にとって水不足とは干ばつによる穀物の全滅、すなわち飢えと貧困を意味する。子供にとってそれは脱水症状と死である。動物と植物の生物学的生存のために必要なこの貴重な液体の替わりになるものはただ単純に、無いのである。

水の危機は商業主義によって引き起こされた生態系の危機であるが、市場では解決できない。市場の解決方法は地球を破壊し不平等を深刻化する。生態系の危機の解決は環境的であり、不正に対する解決は民主主義である。水の危機を終わらせるために環境の民主主義の復活が求められている。

【訳注】

1　チプコ運動：一九七三年、北インドのチプコ村の山林の伐採に反対する地元の女性たちが、樹木に抱きついて抗議、抵抗した。インドで初めて女性が立ち上がった歴史的な環境保護運動。

2　チール松：松科の針葉樹で石灰質の土壌を好み、乾いた土地、日陰を嫌う。周辺の植生の繁殖を阻害する。学名ピヌス・ロックスブルギイ。

3　マハシュヴェタ・デヴィ：女流作家。一九二六年インド、ダカ生まれ。カルカッタ大学で英文学を学び、さまざまな職業を経る。一八五七年の対英国反乱を描いた「ジャンシール・ラニ（ジャンシーの女王）」で作家デビュー、以後百を超える作品を書いた。自然を好み、貧しい人々の人権のために活動を続け、インドのお姉さん、インドの母、として多くの人に慕われている。

4　ニコラス・ジョルジェスク・レーゲン：ルーマニア人経済学者。ブダペスト大学で教鞭をとった後、一九四六年にアメリカのテネシー州のヴァンダービルト大学に招かれた。『法と経済過程のエントロピー』『未来の凋落』などの著作で、マルクス主義経済も自由主義経済も工業社会が地球に及ぼす被害を食い止めることはできないと断言した。

5　バラート・アルミニウム会社（ＢＡＬＣＯ）：一九六五年設立のインド最大のアルミニウム精錬製造会社。日用品から武器、航空機用のアルミを製造している。ＢＡＬＣＯの特徴は原料のボーキサイトの採鉱から精錬、半製品、完成品の製造までの縦型産業である点である。戦略ミサイルのアグニ、地上ミサイルのプリトヴィ用の特殊アルミ合金も製造している。ＢＡＬＣＯは国家経済への貢献だけでなく人材開発にも貢献していると自負する。工場のあるチャッティスガル州では部族社会に定着し、地方行政に深く関わってきた。いわゆるコーポレート・ガヴァナンスといえる。

6　マハラシュトラの干ばつ：マハラシュトラ州は毎年のように洪水と干ばつの両方に襲われてきた。州の東部では五年に一度は雨季の前の豪雨で洪水となり、雨季になると雨が少なく、州人口の一割以上が住むデカン高原では八年から九年毎に干ばつとなっている。少ない雨と高い気温（最高四十五℃）、時には季節はずれの雹、霧、雪にも見舞われる。二〇〇〇年には被害人口は一億人、二〇〇一年には一億五千万人に上った。

7　管井：原文のtube wellはdriven wellともいう。地下の帯水層にパイプを打ち込み取水する井戸のこと。被圧帯水層の場合は水は自噴するが、不圧帯水層の場合は動力ポンプを使って汲水する。

8　サングリ地方：西マハラシュトラで最も発展してきた地域。昔、パトワルダン一族が支配していた王国はダムや橋、公園、寺など公共事業を行なっていた。高い文化を持つ地域で多くの有名な俳優、作家、歌手、詩人を生んでいる。近年、この地域の農業は果物、花、養鶏、酪農など多様化してきており生産を上げている。また製糖、繊維、天然ガスのボトリングといった工業が共同体経営で行なわれている。

9　貯水槽：原文のtankは水槽と貯水池の二つの意味がある。インドでは伝統的にレンガ造りの大小の貯水池（タンクまたはジョハッズ）を建造して灌漑用水網を形成してきた。

10　還元主義：物体に関するすべての命題は、直接与えられる経験を記述する命題に還元可能でなければならないとする認識論上の立場。特に科学理論について、直接観察できない理論的対象は観察可能なものに還元されないかぎりもちこむべきでないとする考え方。

11　テリー・アンダーソンとパメラ・シュナイダー：アメリカの民間シンクタンク、ケイトー協会の政治経済研究センター所長、客員研究員。水市場に経済的動力が導入されない限りエコロジーは完遂されない、と主張する。人類は地球上の水の四割から六割までしか利用しておらず、水を民営化すれば個人はもっと水の権利と質に関心を払うはずであり、政府の歪んだ行政がただされないと水の危機は一層避けられなくなる、と説く。

12　ジャック・ハーシュライファー：一九二五年ニューヨーク、ブルックリン生まれ。第二次大戦後ハーバード大学で経済学博士号をとり、ランド社、シカゴ大学を経て一九六〇年からＵＣＬＡ教授となる。不確実性と情報の分析、生物経済学、紛争の理論などの研究で知られている。

Chapter One
Water Rights:
The State, the Market, the Community

水利権——国家、市場、コミュニティ

Chapter One

水は誰のものか？　私有財産か、それとも共有財産か？　どのような権利があるのか？　国家の権利とは何か？　企業の権利とは何であり、どのような商業的利益があるのか？　長い間、どこの社会もこのような基本的な疑問に頭を悩ませてきた。

私たちは現在、地球規模での水の危機に直面しており、これは今後数十年間さらに悪化することは確実である。そして危機が深まるとともに水の権利を再規定する新たな努力が進行中である。グローバル化された経済は、水の定義を共有財産から自由に採取し売買できる私的商品へと変換しつつある。世界の経済秩序は水の使用に関するすべての限度と規制の撤廃と水の市場の確立を要求している。水の自由交易支持者は私的所有権を、水資源の官僚的規制に替わる所有権と自由市場を確立するための唯一の代替案として考えている。

他のどの資源よりも水は共有物としてとどまる必要があり、共同体の管理を要求するものである。実際に、ほとんどの社会において水の私的所有は禁じられてきた。ユスティニアヌス法典(訳注1)のような古代の文献にも水とその他の天然資源は公の物であると示されている。「自然の法によってこれらの物は人類が共有する。空気、流水、海、そしてその結果としての海浜である(原注1)」。インドのような国では空間、空気、水、エネルギーなどは伝統的に財産関係の領域の外にあるものとされてきた。イスラムの伝統においては、シャリアという元来「水の道」という意味の言葉が水の権利のための究極的基礎を規定している。アメリカ合衆国でさえ共有物としての水の保護者たちを多く輩出している。ウイリアム・ブラックストーン(訳注2)は書いている。「水は動き、さまよう物。この絶対的必要物は自然の法に従い共有物であり続ける。そこには一時的、短期的な使用権しか認めることはできない(原注2)」。

現代的採水技術の登場が水の管理における国家の役割を増大させた。新技術が自主管理方式を排除し、人々による民主的管理構造が衰退し、彼らの保護的役割は縮小している。水資源のグローバリゼーションと民営化とともに、人々の権利を崩壊させ集団の所有を企業の支配におきかえようとする動きが進行している。現実の必要性を抱えた生身の人間が生きている社会は、国家と市場の彼方に存在しているのだ、ということが民営化の波の中でしばしば忘れられてしまう。

自然の権利としての水利権

歴史を通して、そして世界中で、水利権はエコシステムの限界と人間の必要とによって形作られてきた。まさに、ウルドゥ語のアバディ（ａｂａｄｉ）＝人間の集落、の語源のアブ（ａｂ）とは水であり、人間の集落と文明が水資源に沿って形成されたことを反映している。水流、とくに河川に支えられて生活する人たちの水の使用に関する自然の権利である川岸所有者権の原則もまたアブの概念から生まれている。水は伝統的に人間性、歴史的条件、正義の基本的必要性あるいは正義の概念から生じる権利としての自然の権利、として扱われてきた。自然の権利としての水の権利は国家に起源を持たない。それは天賦の人間存在の環境的文脈から進化するものである。

自然の権利として水利権とは使用権である。水は使ってもよいが、所有することはできないのだ。人間は生きる権利があり、それを支えてくれる、例えば水のような資源への権利を有する。生命にとっての水の必要性こそが、慣習法の下で水利権が自然な社会的事実として受け入れられてきた理由である。

「水利権はすべての古代の法に存在した。それは我がインドのダルマサストラス(訳注3)にも、イスラムの法にもあり、さらにまた現代になっても慣習法として存在し続けており、水利権は純粋な法的権利、すなわち国家あるいは法律によって与えられた権利からは明確に区別されるものである（原注3）」

川岸所有者権

川岸所有者権は使用権と共有財産と理性的使用の概念に根ざしており、世界中の人間集落を導いてきた。インドでは河川水利システムはヒマラヤ山系に沿って長く存在してきた。有名なウラール川のカヴェリ（訳注4）にある大アニカット（運河）は一千年の歴史を有し、インドの河の流れを制御する最も古い水利システムと信じられている。そして今でも機能しているのである。インド北東部の古い水利システムはドングス（dongs）と呼ばれ水の使い方を導くものである。マハラシュトラでは保水構造はバンダハラス（bandharas）と呼ばれていた。

ビハールのアハール（ahar）とピネ（pyne）の二つの方式は、氾濫用の堤防のない運河が水を河川から集水池に移すもので、これも川岸所有権の原則から進化したものである。現代になって英国人が建設した、人々の要求には応えられなかったソーン運河とは違い、アハールとピネは今でも農家に水を供給している。アメリカ合衆国では川岸所有制度はイベリア半島からスペイン人によって導入された。(原注4) こうした制度は東部の集落からコロラド州、ニューメキシコ州、アリゾナ州へと受け入れられた。

初期の川岸所有権の諸原則は共有の水資源を分かち合い保護するという概念に根差していた。それは所有権とは結び付いていなかった。歴史学者ドナルド・ウォースター(訳注5)は述べている。

「古代、川岸所有の原則は個人の所有権を確実なものにする方法という面は小さく、自然への不干渉という立場の表現という面が大きかった。原理の最も古い形態の下では、川は誰の所有物でもないとされていた。川沿いに居住する者は流れの水を飲料用、洗濯用、家畜用などの自然な目的に使う権利に恵まれていた。しかしこれは使用権だけであり、川の水が減少しない程度までだけ水を消費できる権利であった(原注5)」

最初にアメリカ合衆国の東部に移住したヨーロッパ人植民者でさえこうした基本的な決まりを尊重していた。しかし西部の人口が増えるにつれて、使用権は通用しなくなる。川岸所有権の概念はいかにもイギリス民法から生まれたかのごとく信じられ、結果的には個人の私有財産権へと収れんしていった。「アメリカ西部に移住した男女はあの古い世界には属さなかった……（彼らは）川岸所有権の伝統を廃棄した」とウォースターは書いている。「そのかわり、彼らは彼らの土地のほぼ全域にわたって先行者優先権の原則を打ち立てることを選んだ。なぜならそれは自然を開拓する大きな自由をもたらすからであった(原注6)」。かくして世界の水利権は厳しく制限されたのである。

カウボーイ経済学——早い者勝ち主義と民営化の登場

私有財産と所有のルールであるカウボーイ式概念、Qui prior est in tempore, potior est in jure（先にやって来た者が先に権利を得る）が最初に登場したのはアメリカ西部の鉱山である。早い者勝ち主義が水の売買を含む所有権を絶対的なものにした。新しい水の市場が栄え、間もなく自然な水の権利にとってかわり、水の価値は独占的な最初の植民者の決めるところとなった。先行者優先権は「川岸の土地所有者になんら優先権は与えることなく、すべての使用者に水の獲得と河川の開発の競争に加わる機会を与えた(原注7)」のである。

「力は権利なり」というカウボーイの考え方は、経済力を持つ者は他者の必要や水源の限界を無視しても資本投下して水を所有できる、ということになる。このフロンティア論理が最初の土地所有者に水の独占権を許した。後から来た者は先行者を優先させるという条件の下で水を得ることができた。カウボーイの経済学によって、川の水は川岸から離れた土地で使用するために分散させられるようになった。もし水を使用しなければ土地所有者はその権利を喪失した。

カウボーイの論理は水利権を個人の間で移動し交換することを許したが、その個々人は水の環境的機能や鉱山採掘における役割に関しては無関心であることが多かった。水は、最初の集落、最初にやってきた本当の植民者たち、すなわちアメリカ先住民のものでなければならないにもかかわらず、その所有権は否定された。採掘者と植民者は自分たちが最初の住民だと考え、水資源を使用するすべての権利を自分たちの物にした。(原注8)

自然の水循環の限界性への無関心は、とりもなおさず川の干上がり、鉱山排水による汚染を意味した。他者の生得の権利の無視によって人々は水源へのアクセスを拒否され、不平等で持続性のない水使用と水を大量消費する農業がアメリカ西部に広まった。

現代のカウボーイ経済

共同財産である水を民営化しようとする最近の強い動きの原点はカウボーイの経済学にある。水の民営化勢力のチャンピオン、保守団体ケイトー協会のテリー・アンダーソンとパメラ・スナイダーは現在の民営化促進がカウボーイ流の水の掟と結びついている、と認めるのであるが、さらにまた、この初期の西部の領有哲学を未来へのモデルとも考えているのである。

「西部フロンティアから、特に鉱山の現場から先行者優先の原則と水の商業化の基礎が生まれた。この制度は、所有権が適切に定義、規制され、移譲可能とされる水に関する効率的な市場原理の本質的要素を規定した（原注9）」

フロンティア時代の無法なやり方を再導入し、グローバライズさせようとする最近の強い動きは、私たちのわずかな水資源を破壊し、水の分配から貧しい者を排除するための処方箋である。金と力を持つ者は、正体不明の市場の名の下に、先行者優先の原則を盾に自然と人間から水を占有するため国家を利用する。私的利益を追求するグループは必然的に地域社会による水使用の制御という選択肢を無視するものである。地表への降水は拡散したものであり、すべての生命が水を必要とする以上、非中央集権的管理と民主的所有権がすべての生命にとって効率的で持続可能で公平な唯一の方法である。国家と市場の上に、社会参加の権力がよこたわっている。そして官僚主義と企業の権力の上に、水の民主主義という約束がよこたわっているのだ。

共有財産としての水

水は、すべての生命の環境的基盤であり、その持続可能性と公平な配分が社会構成員の協力に依存する以上、共有の物である。人類史上を通し様々な文明において水は共有財産として管理されてきたし、ほとんどの社会が水資源を共有財産として管理し、あるいは今日でも水の獲得手段を共同使用の公的財産としているにもかかわらず、水資源の民営化の動きが勢いを増している。

英国人が南インドにやってくる前は、地域社会はクディマラマット(kudimaramath)=自力修復という制度によって集団で水を管理していた。十八世紀の東インド会社の企業ルールが登場する前は、農民は収穫した穀物一千グレーン(訳注6)につき三百グレーンを共同基金に納め、そのうち二百五十グレーンは村の公共物の維持や事業のために使われた。(原注10)一八三〇年、農民の納入量は六百五十グレーンに上昇し、うち五百九十グレーンを東インド会社が直接受け取った。徴収額の増加と維持費の喪失の結果、農業と共同財産が崩壊した。英国支配以前の数世紀にわたって建設されていた約三十万基の貯水槽が倒壊し、農業生産力と収穫力に被害をもたらした。

東インド会社は一八五七年の最初の独立運動で撤退させられた。一八五八年、英国人は一般にはクディマラマット法として知られる一八五八年のマドラス労働規制法を議会で通過させ、農民に対して農業用水と灌漑設備の維持のための労務を義務化した(原注11)。しかし、クディマラマットとは自主管理に根差したもので、強制的なものではなく、この法令によって地域社会を動員することはできず、共同体の再建は失敗に終わった。

自主管理社会とは過去の歴史上の産物ではない。これは現代的現実である。国家の介入と民営化によってそれを完全に消し去ることはできない。インド七州の中の熱帯乾燥地方を対象にした全国調査において、N・S・ジョッダー(訳注7)はインド全土の貧困層の最も基本的な食糧、飼料の需要は常に共同財産資源によって賄われ続けていることを発見した(原注12)。ジョッダーが行なったタール砂漠(訳注8)の土地の痩せた地方の共有権の調査では、制度的規則と規定に従った牧草地の利用区域と期間、牧草生育のためのローテーションのパターン、牧草を与える家畜の頭数と種類、糞と燃料用木材の権利、飼料用にする立ち木の枝落としの決まり、といった牧草地の諸権利を村議会が定めていることも分かった。村議会はまた村民あるいは他所者が規則を破らないようにするため独自の監視人を指名する。同様の規則は井戸と貯水池の維持管理のためにも存在している。

共有権の悲劇

ジョン・ロックが発表した財産に関する論文が十七世紀の囲い込み運動の中で結果的にヨーロッパにおける共有財産の略奪を合法化することになった。ロックは裕福な家庭の息子であったが、私有財産とは手の加えられていない天然資源を労働の適用を通してその神から与えられた形を変えたときにのみ作り出されるものである、と主張して、資本主義、そして自らの家族の膨大な財産の保護を追求した。「何であれ、そこで彼は自然が作り残していったままの状態に手を加え、彼自身の物に組み立てた。その時、それは彼の所有物になったのである(原注13)」。個人の自由は、労働を介して土地や森や川を所有する自由に依存することになった。ロックの財産に関する論文が、共有権を崩壊させ地球を破壊する理論と実践に力を与えたのである。

現代においては水の私有化は一九六八年初版のギャレット・ハーディン（訳注9）の『共有権の悲劇』に基礎を置いている。その理論の解説のために、ハーディンはシナリオをイメージするよう読者に求める。

「すべての人に開放された牧草地を想像してほしい。そこではどの牛飼いも共有権の上に立ってできるだけ多くの牛を飼おうとするにちがいない。こうしたやり方は何世紀にもわたって理性的に納得の行くように機能してきたかもしれないが、それは部族間の戦争、密猟、疫病などが人や家畜の量を土地の許容量のはるか以下に保ってきたからである。だが結局は、長く望まれていた社会的安定というゴールが現実となる日がいずれはやって来る。その時、旧来からの共有権という論理は無慈悲にも悲劇を生む（原注14）」

ハーディンは共有権とは社会的に管理されていない所有者不在の自由参入制度である、と解釈している。ハーディンはまた、私有財産の不在が無法性を生む、と考える。

共有権に関するハーディンの理論は多大な人気を博したが、いくつかの穴がある。共有権を管理不在の誰でも参入可能な制度とする解釈は、管理というものが私的個人の手中にあって初めて効果を発揮するものと信じているところから発生している。しかし集団は自主管理するものであるし、共有権はむしろ共同体によってよりよく規則化される。さらにまた、共有権はハーディンが前提にしているような誰もが参入できる資源ではない。そこには現実的に所有権の概念が適用されている。ただ、それは個人の基準ではなく集団のレベルの上に立っているのである。集団は使用に関わる規則と制限を設定する。使用の規定は過剰放牧から牧草地を守り、森を消滅から守り、水資源を枯渇から守るためのものである。

ハーディンによる共有権の悲劇の予言の中心には、競争こそが人間社会の原動力であるという思想がある。「個人の財産を得るために競争しなかったならば、法と秩序は失われてしまうであろう」。この主張は人々の中に競争よりも共同の考え方が強い第三世界の地域社会の多くの部分でテストされ、立場を得ることができなかった。構成員同士の共同作業と必要に応じた生産に基礎をおく社会的組織では、取得の論理は競争社会のそれとは全面的に異なる。ギャレット・ハーディンの『共有権の悲劇』は、共有地が人口の基本的需要すら支えられないような環境のもとでは、競争があろうがなかろうが悲劇は避けられない、という最も重要な点を見逃している。

共同体と共有権

コロラド州のリオ・グランデ渓谷の上流地域では、水は今でも共有権として管理されている。私は、土地と植物と動物を養っている伝統的なアセキア方式（重力応用灌漑水路）のふるさと、サン・ルイスを訪れる機会があった。コロラド州における共有権と最古の水利権制度を守る重要な闘いに参加している地域共同体に連帯するため、私はそこに行ったのであった。この灌漑水路が生み出していたものは単なる市場の商品ではなく生命の密度であった。「水路が寒冷なので不毛な砂漠での多くの植物の生育を可能にした」とサン・ルイスの先祖代々の土地に生きる第五世代の農民、ジョゼフ・ガジェーゴは言う。「木が増えれば野性動物、つまり鳥や哺乳類の住むところができる。環境学者はこれを生物多様性と呼ぶ。私はこれを生命、テーラ・イ・ビーダ（土地と命）と呼ぶ(原注15)」。

リオ・グランデの水が競売にかけられ最高値で競り落とされた時、水は「水域社会」を維持する責任と結び付いた水への権利を有する農牧社会から取り上げられてしまった。(原注16)市場は多様な価値をつかみ取ることはできないし、生態的価値の破壊について考慮することもない。生態系に補充される水は浪費とみなされる。ジョゼフ・ガジェーゴの疑問はある重要な問題点を上げている。

「これは誰の観点なのか？　灌漑用水路の土手のハコ柳の並木にとって水路から漏れる水は無駄なものではない。林の中に住む鳥や動物にとっても同じだ。漏れ水でできた溝に野生動物の棲みかが創られ、動物も農民もそのお陰をこうむっている。これも無駄なものではない。もちろん都会の気違いじみた肥大化の需要のために大量の水を探しまわる都市開発会社の人間にとっては話は違う。グリンゴ（アメリカ人の蔑称）は水をまるで品物の様に扱う。ここではみんなこう言う。『コロラドでは水は上に昇る。そこに金があるからさ』(原注17)」

金に換算され、法廷に持ち込まれると、共有の資源は農民から剥ぎ取られ民間企業に持って行かれてしまう。そして、デボン・ペーニャ(訳注10)は指摘する。

「共有財産権への攻撃は、暴力的であるにもかかわらず法的に認可された侵略、囲い込み、さらに『生活空間』の収奪などを生むような生産活動の法制化にまで及ぶ。法律それ自体

が人間とそれ以外の生命が混じり合った共同体の生息場所の総体性を侵すのである」(原注18)

これはまさしく、裁判所がバトル・マウンテン・ゴールド・マイン社に対して農業用水を工業用水として使うことを許可したという、コロラド州のリト・セコ水系での出来事そのものである。

地域社会の権利と水の民主主義

水が不足している状況下、水は共有財産であるとする考えから発展した持続可能な水の管理システムが代々受け継がれてきた。水の保守と共同体の建設の仕事が水資源への第一の設備投資となった。資本の不在の中で、人々の集団活動が水対策の中心的投入資本すなわち「投資」だった。ガンジー平和基金のアヌパム・ミシュラは語る。

「パラールのしずく、つまり雨水を集める方法は雲と水滴の名前の数ほどきりがない。海という瓶も一滴一滴のしずくで満たされたのである。こうした美しい教えはどの本にも書かれていないが、私たちの社会の記憶の中によこたわっている。我らの口承文化シュルティス(訳注11)はこの記憶から生まれた。ラジャスタンの人々はこのような果てしない仕事を中央政府や州政府にも、現代的用語では私的領域とやら表現されている人たちにも任せはしなかった。各自の家で、村で、この構造を達成させ、維持し、さらに発展させたのは人々自身なのである。

『ピンドヴァリ』とは力を尽くし、手を尽くし、全力で人のためになることを意味する。ラジャスタン人の額から汗は流れ続け、それはやがて雨水を呼ぶ(原注19)」

地方の管理システムに根差した伝統的な水利システムはグジャラト地方の干ばつ頻発地帯における渇水対策そのものであった。こうしたシステムは主に村議会が管理していた。洪水、飢饉、その他の天災が起きた時、王も援助してくれた。中央の権威の役割はまず第一に災難の緩和であった。地域の水管理の組織には農民団体、地域灌漑職員、地域灌漑技術者、村の水利組合、共同労働奉仕制度などがあり、各戸の寄付で運営されていた。

インドでは、水利システムの建設と保全のための農民団体は一時期広く普及していた。カルナタカとマハラシュトラでは、こうした組織はパンチャヤッツといった。タミール・ナドゥではこれはナッタマイ、カヴァイ・マニヤム、ニール・マニヤム、オッピディィ・サンガムまたはエリ・ヴァリヤム（貯水池委員会）などと呼ばれた。貯水池や灌漑池はしばしば複数の村が利用した。この場合、それぞれの村や農民団体の代表が民主的に運営しなければならなかった。また、これらの委員会は利用者から貯水池の負担金や税金を徴収することができた。特に、水のための設備投資に充てるためには土地も寄付されることがあった。

村の水利システムは灌漑システムを毎日点検管理する灌漑職員を必要とした。ヒマラヤ地方ではクールスという職員が共同体の灌漑管理に雇われた。灌漑管理人はコーリスといった。マハラシュトラではこの人たちはパトカリス、ハヴァルダールス、そしてジョガラヤと呼ばれた。カルナタカとタミール・ナドゥではニールカッティ、ニールガンティ、ニールパイチ、ニラニッカンスまたはカムクカッティと呼ばれていた。

中立を保証するためニールカッティたちは土地を持つことを許されておらず、地主とカースト制によって自治を与えられていたカースト階級のハリジャン(訳注12)から選ばれた。ハリジャンだけが水槽と水門を開閉できる権限を持ち、農民が分配の規則を制定すると、誰もそれに違反してはならず、犯した者には罰金が科せられた。水の民主主義はこうした組織の保護によって経済的権力から守られた。

補修は個々の勤労奉仕に支えられ、資本あるいは外部からの労務でそれに替えることはできなかった。南インドでは集団勤労奉仕が、クディマラマットと呼ばれる村の水利システムの建設と保全のために最優先された。健全な体力を持つ者はみんな水路保全と清掃に動員された。ニールカッティはまた用具や農地の水路の清掃のために農民を召集した。古代の経済書であるアルタサストラ（訳注13）にはあらゆる協同建設作業からの離脱者に対する罰則も記されている。違反者は自分の召使と牛を無償で提供し何ら見返りを求めることはできなかった。

英国支配の時代に政府が水資源の統制を始めた時、自治管理制度は困難に直面した。共同体の所有権は掘抜き井戸や管井の登場によって農民が資本に依存させられ、さらに瓦解していった。水の集団的権利は国家の介入によって根元から崩され、水源の管理は外部の機関に移譲された。収入は地域のインフラストラクチャーのために還元して投資されることはなくなり政府の省庁に回された。

共同体の権利はエコロジーと民主主義、その両方のために必要なものである。遠隔地の外部機関の官僚的統制と、企業の利潤追求による市場の統制は環境保護の意欲をそぐものである。地域社会がいくら努力して資源を守っても、外部の官僚機構や商業団体だけが利益を得るのであれば、彼らはもう水の保護や水利システムの保全などを止めてしまう。

自由市場でつけられた高い価格は保護にはつながらない。膨大な経済格差の前では、持たざる者が金を払って水を買い、持てる者が水を濫費するというおそれが多いにある。共同体の諸権利は民主主義の規範であり、国家と商業にその利益に関して報告させることができるし、非中央集権的民主主義の形態において人々の水の権利を防衛するものである。

浄水権対汚濁権

一九七四年にインドの水条例が通過するまでは、ほとんどの判例は汚濁した側に有利な判決であった。法律に守られていることに加え、汚濁した側は一般市民よりも強い経済力と政治力を持っていた。彼らは自分たちに有利な法的手続きをとり、よりうまく事を運んだ。産業公害のインパクトが厳しいものではなく工業化は進歩の象徴であると考えられていた頃、いくつかの判例に挙げられるように、裁判所は産業界に対して水を汚濁する権利を支持する傾向にあった。デシ製糖会社対タップス・カハール、エンプレス対ホロダーン・プールー、エンペラー対ナナ・ラム、インペラティックス対ニーラッパ、ダルヴァッパ・クイーン対ヴィッティチャッコン、レグ対パルタ、インペラティックス対ハリ・バプット。工業化の拡大とともに水質汚濁が激化するにつれ、これを刑事犯として処罰する以外になくなってきた。しかし裁判所だけで人々の浄水の権利を守ることはできなかった。

一九八〇年代、公害の脅威が増大すると、浄水の権利は基本的権利として守らねばならないものになった。インド最高裁判所は、有名なラトラム地方自治体対ヴァルディチャンド訴訟において新しい環境権の原則を採用した。自治体はそのための財政的能力の有無を問わず、公共の有害物を除去しなければならない。ラトラム自治体は新しいタイプの自然権を確立させ、憲法に保障されたものとしての慣習法を承認した。しかしラトラム訴訟と水条例の後になっても大物汚染企業は法の裁きを受けなかった。ほとんどの場合、水質汚濁中央審議会は中小企業の工場に対して厳しかった。(原注20)

産業界においては、反公害規制はまず河川の浄化のために導入された。一九六九年、オハイオ州クリーブランドのクヤホガ川は工場の廃棄物処理場にされており、化学物質によるあまりの汚染の結果、発火するに至った。一九七二年、合衆国は水質汚濁防止法を発効、何人も水を汚染する権利を有さず、何人も浄水を得る権利を有する、と定めた。法の発効以前には水質汚濁は迷惑行為レベルとして慣習法で処置されていた。この法律は、一九八三年までに河川の水質を魚釣りが可能で、水浴できるまでに回復させ、一九八五年までに水質汚染物質を廃棄撤廃するという目標を設定した。一九七二年の水質汚濁防止法の発効以来、アメリカの特定汚染源からの公害は劇的に減少し、公害規制における規則化の力を見せつけた。

一九七七年、産業界からの圧力の結果、アメリカ合衆国では焦点が産業廃棄物規制から水質基準に転換した。果たしてこの転換は、暗黙のうちに、公害を違反とする立場から許容する立場への移行を意味した。企業は公害売買権あるいはな排出認可取り引き、いわゆるTDP(訳注14)のような裏口から手を回す方法を使って汚染する権利の再導入を企てた。TDPが環境運動家の抵抗に遭ったにもかかわらず、公害問題は市場が解決する、という大衆的神話は変わらない。

自由市場支持派はこのTDPを環境規制の「操縦装置」に替わるものとして推進している。しかし、公害の売り買いは政府も許可している。自由市場擁護派のスナイダーとアンダーソンが認めるように「公害売買権とは基本的に特定基準の汚染物質を水または水流に排出できる権利の政府機関による容認[(原注21)]」である。政府はまた、指定区域を包括する想像上の境界なる、架空の「バブル」をベースにした代物をもって公害基準というものを制定する。

公害の許可がエコロジーに盲目なのは驚くに当たらない。彼らはただ単に「儲けにつながるもの」しか考えない。もし公害対策コストが低ければ企業は排出権を売ろうとするし、コストが高ければ企業は排出権を買おうとする。こうしたコストパフォーマンス的分析が登場し、公害売買の利点を作り出していくならば、この公害マーケットは環境の脅威となる。

公害売買権は環境の民主主義と人々が浄水を得る権利をいくつかの点において侵すものである。それは政府の役割を、人々の水の保護者から水を汚染する側の権利擁護者に変える。政府は反環境的、反人間的、そして親公害企業の取締役を買って出ているのだ。公害取り引きが公害を出す企業だけに限られている以上、ＴＤＰは無公害企業や一般市民を公害規制におけるアクティブで民主的な役割から締め出してしまうのである。

新旧の巨大公害企業

浄水権と汚濁する権利との闘いは、一般市民の人間的で環境的な権利と企業の経済的利益との戦いである。公害は工業技術と世界貿易の副産物である。手漉きの紙と植物性染料は公害を生み出さない。土着の皮革製法も非常に注意を払い水を節約する。新鮮な野菜と果物は栽培するとき以外は水を必要とはしない。

対照的に現代の製紙工業と皮革製造産業は巨大な汚染を生む。パルプはトン当たり水六万ガロン(一ガロンは三・七八五リットル)から十九万ガロンを使って紙または繊維になる。綿の漂白にはトン当たり四万八千ガロンから七万二千ガロンの水が必要である。グリンピースと桃の長距離輸送用梱包にはそれぞれトン当たり一万七千ガロン、四千八百ガロンの水を使う。(原注22)

わずかな水源の水の使いすぎと汚染は旧式の工業技術だけに限られたことではなく、新しいコンピューター・テクノロジーの隠された構成要素でもある。「テクノロジー責任を問うキャンペーンと環境と経済の正義のためのアメリカ南西部ネットワーク(訳注15)」(South West

Network for Environmental and Economic Justice and the Campaign for Responsible Technology）の調査でチップ製造工程は過剰な量の水を必要とすることがわかった。

六インチのシリコン・ウエハー一枚を製造するためには、イオン水平均二千二百七十五ガロン、バルクガス三千二百立方フィート、有害ガス二十二立方フィート、化学薬品二十ポンド、そして電力が二百八十五キロワット時を使用する。（原注23）言いかえれば、「仮に通常規模の工場が毎週二千枚のウエハーを製造するとすれば（例えば、ニューメキシコ州のリオ・ランチョにあるインテルが新しく発表した到達水準によれば同社は毎週五千枚のウエハーを生産することができる）、毎週四百五十五万ガロン、一年間に二億三千六百六十万ガロンの水をウエハー製造のためにだけ必要とする」（原注24）ことになる。調査によれば、カリフォルニアのサンタ・クララ郡にある二十九カ所のスーパーファンド（訳注16）地区のうち二十カ所がコンピューター企業によって作られたものである。

水の民主主義の原則

公害の市場的解決の中核にあるのは、水は無尽蔵に存在するという解釈である。使用する水の配分の増加を促進すれば市場は公害を緩和することができるという考え方は、水を、ある地域の使用に向ければどこか他の地域に水不足が生じるということを認識できていない。

公害の市場的解決を推進する企業理論家とは対照的に、草の根運動体は政治的、環境的解決を要求する。ハイテク産業の公害と闘っている地域社会は有害物質の安全管理、禁止、公開、参加、保護、規制、補償、除去および無公害産業を求める権利を盛り込んだ地域社会環境権利法案を提起した。(原注25) これらの権利のすべてが、きれいな水の権利が全市民に保証される水の民主主義の基本的要素である。市場はこれらのどの権利も保証することができない。

水の民主主義には九つの原則的柱がある。

1　水は自然の与えた贈り物である。

我々は自然から無償で水を得ている。我々はこの贈り物を生存のための必要に応じて、汚さずに、適当な量を維持して使うのが自然に対する責任である。乾燥地域または浸水地域を生み出す原因になるような水の転用はエコロジーの民主主義の原則に反するものである。

2　水は生命に欠かすことができない。

水はすべての種の生命の源である。すべての種と生態系は地球上において水を分かち合う権利を有する。

3　生命は水を通して内的に連結している。

水はすべての生き物と地球のすべての部分とを水の循環を通してつなげている。我々はすべて、我々の行為が我々以外の種や人間の害にならないことを保証する義務がある。

4　水は生命維持のためには無償でなければならない。

水は自然が無料で与えてくれたものである以上、これを売り買いし利益を得ることは、自然の賜に対する生来の権利を侵し、貧者の人権を否定するものである。

5　水は限りがあり、枯渇するものである。

水は限りがあり、もし非持続的に使えば枯渇する。非持続的使用とは自然が補給できるより多くの水を生態系から摂取すること（生態的非持続性）と、他人への公平な配分を貰い、自分に与えられた合法的配分より多くの水を消費すること（社会的非持続性）である。

6　水は保護されねばならない。

誰もが水を保護し持続できるように、生態系に従った適切な制限内で使う義務がある。

7　水は共有財産である。

水は人間が発明したものではない。水は束縛できるものではなく、境界を区切ることもできない。

水は本来共有財産である。水は私有財産として所有できないし、商品として売ることもできない。

8　何人も水を破壊する権利はない。

誰にも水の体系を酷使し、濫用し、浪費し、汚染する権利はない。汚染の売買は水の持続可能な適切な使用の原則を犯すものである。

9　水に代替物はない。

水は本質的に他の資源や製品とは異なるものである。水は商品として扱うことはできない。

【訳注】

1　ユスティニアヌス法典：六世紀（五二九年〜五三三年）に東ローマ帝国のユスティニアヌス一世が作らせた民法大全。ローマ法大全とも呼ぶ。人、物、相続などについてそれまでの慣習を整理し法制化した。

2　ウイリアム・ブラックストーン：十八世紀イギリスの慣習法学者。著作 *"Commentaries on the Laws of England"* はアメリカ合衆国の慣習法成立に大きな影響を与えた。

3　ダルマサストラス：BC二〇〇年頃に書かれたヒンズー教の経典。宗教的儀式、土地、水、家庭、結婚、教育、土木建築などを細かく定めており、カースト制度の基本になった。

4　カヴェリ：カルナタカ、タミール・ナドゥ両州を潤す川。ダクシン・ガンガの別名を持つ。賢者アガスティアが妻にした水の化身カヴェリを水瓶に閉じこめたが、干ばつになった時、シヴァ神の息子ガネッシュがカラスに変身して水瓶を壊し水が流れ出てカヴェリ川となった、という伝説がある。

5　ドナルド・ウォースター：エール大学出身の歴史、環境学者。多くの環境問題に関わっている。現在はオックスフォード大学出版局のために「ジョン・ウエスリー・パウエルとそのアメリカ」を執筆中。著書に *"An Unsettled Country: Changing Landscapes of the American West"* (1994). *The Wealth of Nature:Environmental History and the Ecological Imagination"* (1993). *"Nature's Economy:A History of Ecological Ideas"* (1977). などがある。

6　グレーン：ヤードポンド法における衡量の最小単位。一グレーン＝〇・〇六四八グラム。もと小麦一粒の重さから決められた。

7　N・S・ジョッダー：環境運動家の間でよく知られている科学者。自然資源を傷めずに乾燥山岳地帯の持続可能な開発をすすめる「Mountain Fanning Systems Division at the International Centre for

Integrated Mountain Development (ICIMOD)」を率いる。

8　タール砂漠：インドのラジャスタン州とパキスタンのシンド地域にまたがる砂漠。年間降雨量三〇センチ以下。住民は主に牧畜で生活する。一九七四年、インドの最初の核実験が行なわれた。

9　ギャレット・ハーディン：環境学者。一九六八年、雑誌『サイエンス』に論文「共有地の悲劇」（邦訳『環境の倫理（下）』一九九三年、晃洋書房）を発表。一九七三年に書いた「*Living on a Lifeboat*」から『宇宙船地球号』というネーミングが誕生した。

10　デボン・ペーニャ：コロラド大学教授。人類学者。農業生態学、環境法科学、環境史、環境行政、社会運動、メキシコ学などを研究し、リオグランデ上流水域チアパス地方のアメリカ－メキシコ国境地帯、および台湾を調査している。*"The Terror of the Machine: Techology,Work,Gender and Eclogy in the US-Mexico Border" "Chicano Culture, Ecology, Politics: Subersive Kin" "Tierra y Vida: Mexican American and the Environment"*

11　シュルティス：ヒンズー教の権威ある言い伝え。「シュルティス」とは「聞かれた事柄」の意。瞑想を経て会得された精神的な知を伝えるものとされる。その根幹を構成するのが「ヴェーダ」でその中のヒンズー哲学の部分が「ウパニシャッド」である。

12　ハリジャン：カースト制度の階級（ヴァルナ）ではハリジャンは、バラモン（brahmin）、クシャトリア（kshatria）、バイシャ（vaisha）、スードラ（shudra）の次にくる最下等の不可触賤民の名称である。

13　アルタサストラ：紀元前四世紀に書かれたこの書には水の循環について、蒸発、凝結、降雨、河川などその変化形態や気象との関係が解説され、古代インドの水利技術が述べられている。

14　ＴＤＰ：Tradable Discharge Permits の略。一九九〇年の大気浄化法付帯事項に含まれた計画。CO_2の大気中への排出制限をビジネスに結びつけるものとしてアメリカの環境政策に積極的に導入された方法。

15　South West Network for Environmental and Economic Justice and the Campaign for Responsible Technology：インテルやモトローラなどのハイテク産業が生み出す環境汚染に反対する草の根運動。主にカリフォルニアをベースにしている。

16　スーパーファンド：産業廃棄物の処理のために二十年前に連邦政府が設置した基金計画。

Chapter Two
Climate Change
and the Water Crisis

気候変動と水の危機

Chapter Two

Ryots irrigating rice fields.

「ジャラ　バフレ　スルスティナサ、ジャラビフネスルスティナサ」（「多すぎる水も少なすぎる水も創造を破壊する」）――オリヤの諺より

一九九九年十月、殺人的サイクロンが東インド、オリッサ州東部を直撃した。この台風は人類史上起きた天災の中でも最大級の破壊的なもので、十二の沿岸地域で百八十三万戸の家屋と百八十万エーカーの水田に被害を与えた。ヤシの木の八割が根こそぎ倒れるか真っ二つに折れ、バナナ農園とパパイヤ農園が全滅した。家畜三十万頭以上が死滅、千五百人を超える漁民が生計の道を失い、一万五千以上の池が汚染され海水に浸された。公式な犠牲者の数は分からないが、民間の調査と地方の活動家の推定では死傷者数はおよそ二万人に及ぶ。

二〇〇一年の夏、オリッサは史上最悪の一つに数えられる干ばつに襲われ、モンスーンの季節には最悪の洪水に見舞われた。七万人以上が被害を受け六十万の村が浸水し、四十二人が死亡、五十五万ヘクタールの田の作物が壊滅した。マハナディ集水池に降った豪雨のため、毎秒一千三百万立方メートルの水をヒラクッド・ダムから放流しなければならな

かった。

水は生命である。しかし多すぎても少なすぎてもそれは生命の脅威に変貌する。ノアやヴィシュヌ・プラーナ（訳注1）の物語は洪水が大地に生きる生命を流し去った神話である。洪水と干ばつはつねに起きてきたが、今、それはより激しい、より頻繁なものになっている。こうした気候上の極端な現象は気候変動と関係があり、これはまた化石燃料の使用による大気汚染に関係している。

水の不法行為としての気象の不法行為

気象の危機が生命のすべての形態に与えるインパクトは、水を介して洪水、サイクロン、熱波、干ばつとなって現象化する。水の猛威は大気中の二酸化炭素含有量が抑えられている場合のみ和らげることができる。石油企業が自分の都合で異常気象を防ぐための国際的奮闘の足を引っぱっているということは、地球共同体の大部分への政治的環境的災難を意味するのである。何よりもまず、大気汚染と気候変動のような石油経済による環境的外在性が、水の未来を決定し、水を通してすべての生命の未来を決めるのである。

気象の不安定化は、工業化の出現とともに準備されたのではあるが、最近まで拍車はかからなかった。一八五〇年の地球大気中の二酸化炭素の量は大ざっぱに見て二八〇ppmで、一九九〇年代中頃に約三六〇ppmに増加した。(原注1) より極端な洪水と干ばつ、より頻繁な熱波と寒波の形で現われる気象の不安定さは、世界の裕福な地域が深刻化させた大気汚染の結果である。一九五〇年以来、十一カ国が五千八百三十三億トンの二酸化炭素を放出してきた。うち、アメリカ合衆国が一千八百六十一億トン、欧州共同体が一千二百七十八億トン、ロシアが六百八十四億トン、中国が五百七十六億トン、ウクライナが二百十七億トン、インドが百五十五億トン、カナダが百四十九億トン、ポーランドが百四十四億トン、南アフリカが八十五億トン、メキシコが七十八億トン、オーストラリアが七十六億トンである。

二酸化炭素の水準が上昇するとともにその分子が熱をとらえ、地球の温度が上昇する。メタンガスや窒素ガスなど他の温室効果ガスとあいまって二酸化炭素の影響力はまちがいなく破滅的である。例えば、メタンガスの蓄積は四世紀前に〇・七ppmであったのが一九八八年には一・七ppmにまで上昇している。(原注2) 工場式牧畜産業で家畜に与える飼料の一割がメタンガスとなって大気中に混じっていく。(原注3)このガスは工場周辺に漂う悪臭の源でもある。

一九八八年五月、五十カ国が集まって工業的石油使用が大気の変化に及ぼす影響を追求するために最初の気候変動国際会議が開催された。会議はその後、現在二千五百人の学者で構成する気候変動に関する政府間パネル（IPCC）を発足させた。大気の変動に対する懸念は高まり続けた。一九九二年、リオデジャネイロで開かれた地球サミットにおいて各国元首百三十二名が、増大する気象の不安にいかに対応するかについて全世界の国家間協定を推進すべく気候変動枠組み条約を採択し、最終的には百六十カ国以上が批准した。

一九九四年の報告でIPCCは、石炭と石油の燃焼による二酸化炭素の放出が通常以上の太陽熱を閉じ込めると警告している。報告は「ある地域では結果として火災やペストの流行や生態系に影響するような極度に高い気温、異常な出来事、洪水、干ばつなどが増え」(原注4)ており、多くの深刻な変化が目立っていると注意を促している。一九九七年、地球の温暖化軽減の目標と計画を設定するため、日本の京都で気候変動枠組条約第三回締約国会議が開かれた。

千人以上の科学者が二年をかけて「気候変動二〇〇一」報告を作成し、最近刊行された。IPCCは今、地球の温度はすでに上昇中であり、今世紀の終わりには一九九五年の同グループが予測したよりも倍高い摂氏五・八度の幅で上昇するであろうと確信している。このような上昇は、穀物の不作、水不足、疫病の増大、洪水、地滑り、台風などを引き起こすであろう。地球共有財産協会は気候変動による被害は二〇〇五年には二千億ドルにのぼり、二〇一二年には四千億ドルになると試算している。二〇五〇年には被害は二十兆ドルに及ぶ。だからこそ保険会社は気候変動の問題を真剣に受け止めているのである。(原注5)

異常気象がもたらす天災の主な犠牲者は、沿岸地域社会、小島の住民、農民、牧畜社会など、気象の不均衡には最小の役割しか果たしていない人たちである。激しいハリケーンや台風や海面上昇によって吹き飛ばされ、その存在さえ世界地図にも載らなくなるような小さな島国が集まって、工業国家による二酸化炭素放出を現実的に減少させるために島嶼国連合(AOSIS)を結成した。サモアの代表A・トゥイロマ・ネロニ・スレイドはAOSISの精神を次のように表現する。「人間の最大の本能は欲望ではない……それは生存することであり、我々は我々の母国と人々と文化を目先の経済的利益と交換する者を許しはしない」(原注6)。

ＡＯＳＩＳは二〇〇五年までに一九九〇年の二酸化炭素排出水準の二〇％減を求めている(原注7)。いくつかの工業国も似たような軽減を提唱している。ドイツと英国は二〇〇五年までに排出水準を一〇％、そして二〇二〇年までに一五％落とすよう求めている。最もドラスティックな提案がオランダの科学者たちから出され、それは大気を元に戻すためには工業国は二酸化炭素を六〇～七〇％減らすべきであるというものである(原注8)。

世界的な気候変動の確認と地球温暖化に対する闘いの参加の気運にもかかわらず、アメリカ合衆国は温室効果ガスの削減に関する京都議定書に声高に反対している。二〇〇一年、ジョージ・Ｗ・ブッシュが合衆国大統領に就任すると、彼の最初の政策決定の一つが議定書を破棄し、電力プラントからの二酸化炭素の排出をカットする、としたアメリカの約束をくつがえすことであった。ブッシュはこう主張した。「我々の経済は低迷している。我々はまたエネルギー危機をかかえており、二酸化炭素に蓋をするという考えは経済的に意味をなさない」(原注9)。アメリカ合衆国は世界の温室効果ガスの二五％というどの国よりも多量のガスを出していながら一切削減しないと正式に表明したのである。皮肉にもアメリカ自身が地球温暖化の深刻な脅威にさらされている。海面上昇は東海岸およびフロリダ州、アラバマ州、ミシシッピー州、ルイジアナ州、テキサス州の沿岸地域の州を浸食している。環境保護局（ＥＰＡ）は海水温度の上昇と極地の氷冠の融解を原因とする二フィートの海面上昇によって一七％から四三％のアメリカの湿地が水没すると推定している。気候に関連する現象による北アメリカの経済損失は一九八五年から一九九九年までの期間で二千五百三十億ドルに達した。沿岸地域の土地が被った被害総額は一九九三年で三百十五億ドルであった。(原注10)中西部も干ばつの脅威に直面している。

オリッサの巨大サイクロンは人災である

サイクロンの語源はギリシャ語のククロマ、蛇のとぐろを意味する。完璧に発達した際のサイクロンは物凄い猛威の巨大な渦巻きとなり、海上を一日に三百～五百キロメートルの速度で移動する。嵐が海岸線に接近すると海面は急上昇し近接地域に流れ込む。高波と呼ばれる海面の急上昇に襲われると一帯の地域は数分のうちに破壊されてしまう。それがオリッサのサイクロンで起きたケースである。

一九九九年のサイクロンは単なる自然現象ではない。それは主に気候変動と工業化と森林伐採が結合して生じたインパクトの爆発という人間が生んだ環境の危機であった。気候変動は地域の気候に極端な現象を生む。過去のサイクロンの平均風速は時速七十三キロメートル（秒速約二十メートル）であるが、一九九九年のサイクロンの風速は時速二百六十キロメートル（秒速約七十二メートル）であった。(原注11) ＩＣＰＰは、気候変動は工場と企業によって大規模に排出される人為的温室効果ガスの量が増加したことによって発生した、と推測している。このガスは熱帯地方の海面温度を上げ、熱帯の降雨を激化させる。こうした気候の変化と海面の上昇がサイクロンの活動を逆に活発化させる。海面の上昇は低地の洪水の恐れを増し、沿岸部の湿地帯や沼地を破壊し、海岸線を崩壊させ、沿岸部の洪水を引き起こし、水源の塩水化を助長する。今後百年間の世界中の海面上昇によって、ベンガル湾沿岸の低地地帯は、最も深刻な破壊が進むものと思われる。ガンジス河、ブラーマプトラ河、メグナ河の堆積物によってできたこれらの地域が最も水没しやすい。これらの人災の頻度もまた増すであろう。熱帯性低気圧の形成に必要な条件の一つが摂氏二六〜二七度の海面温度である。(原注12) 地球温暖化は海水温度を上昇させるものと考えられ、従ってサイクロンの発生頻度も上昇すると考えられる。

マングローブの破壊

オリッサのような沿岸部の生態系はマングローブを有しており、マングローブが防風林となって風力を弱め洪水を防ぐ。マングローブは波のエネルギーと潮力を吸収し、後背地を守る役割を果たす。樹木も防風壁を形成する。オリッサ沿岸のマングローブの破壊が沿岸地域の生態系の緩衝能力を低下させ、この地方に嵐による高波と台風の強風による未曾有の大破壊をもたらしたのである。

マングローブはまた廃棄物の処理にも有用で、木が硝酸塩や燐酸塩などの過剰栄養分を吸収するので海岸の海水の汚染を防ぐ。このような沿岸周辺の森林が除去されてしまった地域では浸食や沈泥の大問題が起こり、そして時には多くの尊い人命と財産が失われている。マングローブは地表に露出した根が塩分をろ過し、葉も塩分を排泄できるので、塩水の湿地でも森を形成して生きることができる。地域社会は食糧、医薬品、燃料、建設用材としてマングローブ生態系に依存している。世界の数百万人の沿岸先住民族にとってマングローブ林は頼りになる生活基盤であり文化を支えてくれるものだ。オリッサの地域社会と森林局はこの地域のマングローブは十種類の主要な樹木を維持していると説明している。

貿易の自由化がマングローブが消滅している中心的な理由の一つである。貿易自由化の圧力と輸出志向の生産の奨励によって沿岸地域での海老の養殖に拍車がかかっている。養殖がもたらしたマングローブ林のかなりな喪失は特にインドの西海岸とカルナタカ州のカルヴァールとジュンタ、マハラシュトラ州のパルガールとシュリヴァールダン、さらにグジャラット州のヴァルサッドといった地方で顕著である。アンドラ・プラデシュにおいて往年は五百ヘクタールも広がっていたイッスカパルリのマングローブ林はかなり減少してしまった。インド中で昔はマングローブの森が覆っていた場所に今では道路が走り、養殖池が広がっている。

マングローブ林は栄養分が豊かで海老の養殖に最適である。オリッサと西ベンガルの両州では海老養殖場がマングローブ林にたくさんできた。ベンガルのサンダーバンズでは以前マングローブが繁茂していた三万五千ヘクタールの土地に海老の養殖池が建設された。一九九五年、オリッサ州政府は養殖場建設の提案を募集した。この政府による主導が社会的、環境的持続性を犠牲にした養殖産業の無秩序な拡大へとつながった。

沿岸地域の養殖産業の広がりは沿岸地帯の緩衝力を弱め、サイクロンと洪水、そして新しい規模の環境災害に対して無防備にした。一九九一年、高波によって数千人もの命が失われたが、これも海老の養殖池が原因であった。一九六〇年にも同型の高波が襲ったが、このときはマングローブの林が波を遮り村々は災害を免れた。専門家はオリッサの大サイクロンがもたらした破壊は、海岸線のマングローブが海老の養殖のために破壊されていなければ最小限に留めることができただろうと述べている。「(オリッサの) 海岸線は以前はマングローブ林に覆われており、これが押し寄せる波のエネルギーを拡散させていただろう(原注13)」。

マングローブは有機物を取り出し、河口近くの海域の生態系に栄養分をもたらす。マングローブの湿地帯は海と沿岸の水の間の食糧連環のベースを形成する。有機物の豊かな栄養が海水と淡水の中に数々の生物種を育み、繁殖させるのである。

洪水とハリケーン

オリッサの大サイクロンは単独の天災ではない。ここ五年間だけで、気候変動に関係する災害の話は何百もある。一九九五年、バングラデッシュで起きた洪水では七十人以上が死に、一万人近くが被害を受けた。一九九五年、カリブ海のセント・トーマス島はハリケーンに襲われ、ズタズタにされてしまった。同じ年、フランスとオランダは過去に例のない降雨と大規模の洪水に見舞われた。

一九九六年、二十世紀最大のサイクロンはインドのアンドラ・プラデシュで二千人の命を奪った。同じ年、アンゴラで台風により六百人以上が死んだ。北朝鮮の洪水で五百万人が食糧不足となった。一九九六年三月、中国西部高地地方を強烈なブリザードが吹き荒れ七十五万頭の家畜が死に、食糧源が激減した青海省とチベット自治区のチベット人遊牧民の少なくとも六万人が飢え、四十八人が死んだ。積雪量は例年の四倍で気温は摂氏零下四十九度まで下がった。同じ三月、ラオスの水田が洪水で台なしになり、一千万人のラオスの人々が飢え死にの危機に瀕した。この年の六月、イエメンでは四十年ぶりという大洪水で三百三十人が死んだ。洪水による被害は十億ドルに上った。停滞した濁水からマラリアが発生し、十六万八千人が感染、三十人が死んだ。

一九九七年、フィリピンを襲った強烈な嵐で三十人が死亡、十二万人が家を失った。この年、北西太平洋地域でのひょうと雨の連続で二百五十億ドルの被害となり、三月にはボリビアの洪水で十万カ所の農地が流された。この年はアメリカのオハイオ川の水位が十二フィート上昇し、インディアナ、ケンタッキー、オハイオ、ウエスト・バージニアの各州で五十七人が死に、数千人が家を流されてしまった。レッド・リヴァーの氾濫ではマニトバ州、カナダ、ノース・ダコタ州、サウス・ダコタ州、ミネソタ州の一部が被害を受け、二十億ドルの損害となった。

一九九八年一月、ペルーでは十四時間で州一平米当たり十三リットルの雨が降った。六十近くの橋が倒壊し、その後の数週間に五百三十マイル（約千キロ）の自動車道路が浸水した。二月にはエクアドルで三千八十四人がコレラに感染し、百八人が洪水と地滑りで死亡、二万八千人が家を無くした。同年、アフリカの先端、ジュバ川とシャビーリ川が氾濫、二千人が死に、家畜数百万頭が失われた。

干ばつ、熱波、氷河融解

気候変動は洪水やサイクロンを作り出していると同時に、干ばつや熱波をも深刻化させている。多すぎる水と少なすぎる水の両方の現象が起き、どちらも生存の脅威となっている。地球温暖化の最も劇的なインパクトは氷山や氷冠が融解していることである。気候の変動は今までも常に起きてきたが、科学団体と各国政府の大部分は、現在の氷河や極地の氷冠の融解が化石燃料に依存する経済と大気汚染に環境的に関わっていることを認めている。北半球の積雪はこの三十年間に約一〇％減少している。(原注14)

気候変動によって地球は前世紀を通して摂氏〇・四度から〇・八度ほど暖まっている。過去百年間に最も暑かった年は十二回あったが、そのどれもが一九八三年以降で、最高に暑かった三度の各年は一九九〇年代に集中している。一九八〇年以来、アラスカとシベリアにおける年間平均気温は摂氏四度上昇している。カナダ領の数カ所では氷冠の形成が例年より二週間遅く、その崩壊も前年より早かった。(原注15)

気温の上昇は氷河と氷原の融解につながっている。ワシントン大学の大気科学者ジョン・マイケル・ウォレス教授(訳注2)によれば「ここ二十年の傾向が続けば北極全体の氷の融解は数十年内に起きるだろう(原注16)」。

過去四十年の間に北極海の万年氷は四〇％も薄くなった。一九五〇年から一九七〇年の間に南極海の氷の範囲は緯度にして二・八度縮小した。毎年氷が解け出す季節はこの二十年の間に三週間も早くなった。一九六一年から一九九七年の間に山脈の氷河は四百立方キロメートルも減少した。地球の大気の温室効果で蓄積した熱量のうち八千ジュール(訳注3)が南極とグリーンランドの氷を解かし、千百ジュールが氷河を解かしている。(原注17)気候変動に関する政府間パネルは二一〇〇年に地球の平均気温が摂氏一・五度から六度まで上がると予告している。

アルプス、アラスカ、ワシントン州などの氷河は消えつつある。アフリカの最高峰キリマンジャロも一九一二年以来の万年雪の七五%を無くしている。残りの雪も十五年以内に消滅するかもしれない。(原注18)ベネズエラにあった六つの氷河もわずか二つだけになってしまった。もしこのペースで氷河が消えていけばモンタナ州のグレーシャー国立公園の氷河も二〇七〇年には無くなってしまうだろう。(原注19)壮大なるガンジスの悠久の流れの源、ガンゴトリ氷河も地元の人々によれば毎年五メートルずつ後退している。(原注20)極地外の地域の氷河の後退は二センチメートルから五センチメートルの海面の上昇につながるものと考えられる。(原注21)

一九九五年は特に動きの多い年であった。スペインの南、カディスの一地域は過去国内最多の降雨量を記録した場所であったが、四年連続して干ばつに苦しんだ。年間降雨量は八十四インチから三十七インチに落ちた。六月、ロシアの気温が華氏九三度にまで達し道路や滑走路のアスファルトが溶けた。北インドでも気温が華氏一一三度まで急上昇した。熱波で三百人が死んだ。同じ頃、シカゴの熱波で約五百人が死亡、英国では一六五九年以来の最高気温を記録し、一七二一年以来の最も乾燥した夏となった。ブラジルの北東部では雨が例年の六割しか降らず二十世紀最悪の干ばつに苦しめられた。一九九五年六月、カナダで起きた山火事は毎日二十四万エーカーを焼き森は焼け野原と化した。モンゴルでも森林火事が猛威をふるい七十万エーカーの森と放牧地が焼けてしまった。

災難は一九九五年だけの話ではない。一九九六年、カンサス州とオクラホマ州を襲った二十世紀アメリカで最大の干ばつは数百万エーカーの小麦畑を枯らしてしまった。アメリカの小麦の備蓄は五十年来最低となった。インドではグジャラト、ラジャスタン、マディヤ・プラデシュ、オリッサ、チャティスガールで次々と干ばつが発生し、食糧と水の飢饉が起きた。一九九九年、再選キャンペーンで干ばつにやられたグジャラトを遊説していた内務大臣L・K・アドヴァニは「ペーレ・パーニ、ピール・アドヴァニ」（まず水を、それからアドヴァニを）と訴え歓呼の声で迎えられた。一九九七年、冬のリオデジャネイロで気温が華氏一〇八度まで上がった。一九九八年、メキシコ全土で一万三千件の山火事が発生した。人は死に、飛行場は閉鎖され、メキシコ・シティは環境緊急事態下におかれた。厚い煙のじゅうたんがメキシコ湾に流れ出て、テキサスではスモッグ警報が発令された。

一九九七年九月、インドネシアとマレーシアでは、山火事の煙による大気汚染で緊急事態となった。学校と空港が閉鎖された。マラッカ海峡の船の衝突事故で二十九人が死亡、山火事の煙は飛行機事故も引き起こし二百三十四名が犠牲者となった。視界不良で交通事故が多発し数百人が亡くなった。

気候変動、干ばつ、氷河の融解、海面上昇の影響を最も深刻に被るのは、第三世界の貧しい人々である。雨が降らず、穀物が枯れ、川が干上がると農民、牧畜民、そして沿岸地域の村落の人々は環境難民と化す。気候変動がひどくなれば沿岸の村落への洪水の危険性は高まる。「極端な状況では海面が上昇し、その結果として起こる棄民そして深刻な『島民離脱』が大きな経済的社会的負担を呼ぶ(原注22)」。

水が生命を脅かすものか生命を支えるものかの分岐点は、大気汚染を無くし、ごろつき国家とごろつき企業を環境的責任の範囲内で行動させるための気象に対する正義運動の力に大きく依存するものである。

【訳注】

1　ヴィシュヌ・プラーナ：宇宙の創造、海の誕生、六つの島に分かれた地球、仏教の起源、人類の誕生、クリシュナ神の物語といった六つの章からなる物語。

2　ジョン・マイケル・ウォレス：ワシントン大学教授。大気科学者。一九九九年、大気の循環システムと天候の変化における空気と海の大規模な相互的影響の研究に対して、ロジャー・レヴェル・メダルを受賞した。

3　ジュール：仕事・エネルギーの単位。一ジュールは一ニュートンの力が物体に作用して、一メートル動かす間になす仕事。一ジュールは約〇・二三九カロリーで記号はJ。英国の物理学者ジュールに因む。

Chapter Three
The Colonization of Rivers: Dams and Water Wars

川の植民地化――ダムと水戦争

Chapter Three

公共の負担と民間の利益――アメリカ西部のダム

水の所有権は必ずしも国家や民間の関与を伴うものではなかった。長い間、水は共同体の管理の下にあった。世界中どこでも水の保護と分配の複雑なシステムがすべての者に持続性を保証し、水を手に入れることができるようにしてきた。共同体の管理とは水が共同の資源として地域で運用されていたことを意味する。共同体を基礎にしたこうした制度は今もアンデス、メキシコ、アフリカ、アジアの各地に見ることができる。

共同体管理は国家による水資源の支配が始まった時に崩壊した。アメリカ西部では州政府が民間企業と協力して水の権利を取得した。第三世界では政府の支配は水政策に対する世界銀行からの貸付けによって促進された。特にダムは、水の管理を共同体から中央政府に移し、川と人間を植民地化するための一般的な手段である。アメリカにやってきたヨーロッパの植民者たちにとって、川の植民地化は文化的強迫観念であり帝国主義的義務であった。一般的に自然は、特に川は彼らの商業的利益につながるものであり、自分たちの管理下に置く必要のある対象であった。開発局の灌漑学者だったジョン・ウイッドソーは次のように主張した。

「人間の宿命は地球全体を手に入れることだ。そして地球の宿命は人間の所有物となることである。地球が人間の高い能力の前に依然として立ちはだかるとすれば、人間は地球を完全に征服することも真の充足感を味わうこともできない。有りうる最高の知識によって地球の隅々に至るまでが開発され人間の支配下に置かれた時、初めて人間は地球を手に入れた、と言うことができる。合衆国が……湿地帯に住む人々を順応させなかったならば、今のような偉大な国になることはなかった[原注1]」

大統領セオドア・ルーズベルトの水政策の主任補佐官を務めたW・J・マックギー[訳注1]は、水の管理は「人間が自然の支配者となるための残されたワンステップ[原注2]」であると明言した。一九四四年、シャスタ・ダムの建設のためサクラメント川の堰止めに言及して建設責任者のフランシス・グローヴは「我々はこの川をやっつけた。地図の上にしかと抑え込んだのだ。してやったり、まさにこのために来たのではないか[原注3]」と宣言している。

エコロジーに従って流れる川が無駄に流れていると考えられた。「あの広大な流れが単なる威厳と美観である以外に何ら用をなさず大海に注ぎ込まれるとすれば、これほど信義に反する腹立たしきことはない(原注4)」と、一八八一年から一八九九年まで合衆国地質調査局長官を務めたウェスリー・パウエルは記している。彼はまた川は「無駄に海に注いでいる(原注5)」とも書いている。一九〇二年に開発局を創設したルーズベルト大統領も水は浪費されている、という似た様な考え方を持っていた。開発局の発足に際して、ルーズベルトは「無駄に流れているこの水を活用することができれば、我が国西部はパウエル長官が夢見たよりもさらに多くの人口を養うことができるだろう(原注6)」と訴えた。自然を管理するという概念が巨大ダムの建設を正当化はしたが、ウェスリー・パウエルでさえ自然が持つ限度ということに気付かないわけではなかった。乾燥地帯の無差別な開拓に警告を発して彼は「我々が行なっていることそのままに、生活も維持できないようなところに何千人も何万人もの人々を住まわせるのを許すのはほとんど犯罪的なことである(原注7)」と言っている。早くも一八七八年にパウエルは砂漠に花を咲かせることの限界を認識しており、いずれ訪れる危機の可能性について語っている。一八九三年、彼はこんな忠告をしていた。「諸君にはっきり言っておきたいのは、すべての土地を灌漑できるだけの充分な水はなく、若干の土地しか灌漑できないということである。紳士諸君、諸君らは今紛争の遺産をこしらえておられるので

ある」。(原注8)

一八九〇年代の終わり、ロサンジェルス市はすでに水道開発を始め、市の役人が隣接するオーエンス・バレーの土地と水利権の買収を秘密裏に進めていた。(原注9) 一九〇七年、シエラマドレ山脈東側山麓の水流を迂回させる導水管二百三十八マイルの建設資金のための債権が発行された。農場の水を都市用にするこの秘密合意がオーエンス・バレーの住民とロサンジェルスの水道利用者との間の激しい紛争を引き起こすことになった。(原注10) 都市部の住民は官民両者の投資と軍の支援を受けた。一九二四年、オーエンス・バレーの住民はロサンジェルスに送水させまいと導水管を一つ爆破し、水戦争が勃発した。(原注11)

その後爆破は十二回起き、射殺命令を受けた武装警備隊が配備された。一九二六年にはセントフランシス・ダムが建設されたが、すぐに倒壊し四百人の死者を出した。一九二九年には干ばつとなり、地下水の汲み上げが開始されたが七十五平方マイルのオーエンス湖がまたたく間に干上がってしまった。一九七六年に再び渇水となり、新たな紛争が始まり導水管は再度爆破された。(原注12)

アメリカ合衆国西部の灌漑は、ゴールドラッシュで集まった金採掘者たちの食糧確保の必要によって拍車がかかった。一八九〇年には三百七十万エーカーの土地に水が引かれた。しかし一九〇〇年には多くの水道会社が倒産し、官公庁は民間開発会社への援助を行なった。(原注13)水利計画は民間が実施したが、資本は公共投資に依った。

コロラド川のフーバー・ダムは大恐慌時代に連邦開発局が着手し一九三五年に完成した。高さ七百二十六フィートのこのダムには六千六百万トンの大量のコンクリートが使用されたが、これはニューヨークからサンフランシスコまで幅十六フィートの高速道路を作るのに充分な量であった。貯水湖のミード湖はコロラド川の二年間の流量を貯えることができた。

このダム建設が大ダム時代の幕開けとなり、水の管理における政府と民間企業との間のパートナーシップの始まりとなった。ヘンリー・カイザー、ベクテル、モリソン・クヌードソン、ユタ・コンストラクション、マクドナルド・カーン、J・F・シェイ、パシフィック・ブリッジといった民間企業六社がダム建設を請け負った。コロラド・リヴァー・コンパクト（コロラド川協約）(訳注2)がダム建設の認可、交渉や決定から地方政府と自治体を排除した。何世紀にもわたってコロラド川流域に居住してきたアメリカ原住民は川の堰止めの決定に関して完全にシャットアウトされた。歴史学者ドナルド・ウォースターは「誰も『ネイティブ・アメリカン』にコロラド・コンパクトの交渉への参加を要請しなかった。また彼らの守護天使と目されていたはずのインディアン管理局もそこに彼らの利害を見い出すことができなかった(原注14)」と述べている。アリゾナ州は、ダムは州の天然資源を盗むものだと考え、協約の批准を拒否した。

今日までフーバー・ダムの第一利益享受者はカリフォルニア州である。事実、カリフォルニア州が水消費の世界をリードしている。フーバー・ダムの水は二百四十二マイルの送水管を通ってカリフォルニアに運ばれ、ダムの水力発電による電力の三分の一がカリフォルニア州に水を送るポンプを動かしている。カリフォルニア州の面積は、二十四万三千平方マイルに及ぶコロラド川流域面積の一・六％にすぎないにもかかわらずコロラド川の水の四分の一を使用している。その大部分は大農場に行く(原注16)。

巨大分水プロジェクトは増水につながると言われた。実際は、それはある地域から水を取り上げ他の地域に移し、ある生態系から他の生態系に移すだけである。アメリカ西部の乾燥地帯での灌漑農業の拡大は東部及び南部の農業の犠牲の上に成り立っている。西部の棉花生産は開発局の灌漑事業のお陰で三〇〇％増大したが、南部では三〇％減少した。(原注17)北部では果物とピーナッツの生産が五〇％減少したが、西部では二三七％も伸びた。ふすま生産地はアメリカ全体で四十四万九千エーカーに減少したが西部では倍に増え、稲作はルイジアナ州の湿地帯では絶えてしまったが逆に西部の乾燥地帯では広がった。(原注18)

アメリカ合衆国のダム建設は主に陸軍技術部隊が請け負ってきた。一七七五年に創立した合衆国陸軍は一時期、世界最大の技術組織であった。一九八一年、陸軍の民間事業師団だけで三万二千人の民間人と三百人の将校を擁し、ダム五百三十八カ所を含む四千件の民間工事を行なった。現在、軍は工場と都市中央部に水を供給するための百五十件のプロジェクトを動かしている。

軍のダム建設活動は緑の革命の時期には国境を越え、借款を条件にして第三世界に押し付けられたダム建設は主に陸軍が担当した。一九六五年、合衆国政府は厳しい干ばつに見舞われたインドに灌漑集中農業の導入への政策転換という交換条件をつきつけたが、インドが受け入れず、小麦の供与を拒否した。(原注19)

ダム建設の仕事はもちろん陸軍に回された。合衆国と世界銀行が押し付けた借款がダム建設の世界マーケットを開拓した。一九六六年、インドに緑の革命を受け入れるよう強制したリンドン・ジョンソン大統領は「平和のための水」政策を展開したが、それはアメリカ陸軍に第三世界のダムを建設させる話であった。一九六六年の演説で同大統領はこう述べている。

「我々は天災との競争にある。世界の水の需要が満たされるか、それとも避け難い大飢饉となるか……もし失敗すれば史上最強の我がアメリカの軍事力をもってしても平和は長く維持できないことだけは確かである（原注20）」

平和と食糧、これが巨大ダムの建設を正当化し、暴力と飢餓と渇きという水の中央集権化の遺産を残した。平和と食糧なるものの理論的根拠は三十年前に明らかにされたのにもかかわらず、連中は依然として陸軍に代わって登場した巨大企業による水の支配を正当化しようとするのである。

現代インドの寺

パンジャブは直訳すれば五つの川という意味である。パンジャブ地方の富は密にインダス川とその支流、ジェルーム、チェナーブ、ラヴィ、ビーズ、サトレジの各川の水の持続的な利用に結び付いている。パンジャブ地方の灌漑は緑の革命を何世紀も遡って存在してきた。

古代ギリシャの時代、インドには豊かな農業文化が存在し、はるか紀元前八世紀、アラブ人征服者は課税目的で灌漑農地と非灌漑農地とを区別していた。(原注21) 氾濫用水路と運河によって何百万ヘクタールもの土地が灌漑されていた。これらの運河には湛水現象は発生しないのが大きな利点であった。運河は雨期の四～五カ月間氾濫し、残りの期間は干上がり、排水溝として機能した。

バクラ・ダムは一九〇八年、高さ三百九十五フィートの貯水池として計画された。一九二七年に高さが一千六百フィートに修正された。インド独立後の一九四七年、バクラ・ダムは新しい意味を帯びることになった。インダス流域の広大な灌漑農地がパキスタン領土に変わり、インドはパンジャブ地方の灌漑用水の水源を新たに求めなければならなくなったのである。ダムは一九六三年に完成した。

ジャワハーラル・ネルーはバクラ・ダムを「現代インドの寺」とたとえ、水利政策を地方から中央政府の管理に移行させるためにこのダムを使った。一九四八年に出した建設・鉱業・電力大臣への通達でネルーは中央政府の関与の拡大を強調している。

「バクラ計画は一大計画であると同時に緊急の計画でもあり、他の何よりも急がねばならない。この計画はこれまでいわば、場当たり的に行なわれてきており、何よりも心外なのは政府の予算を使っているのにもかかわらず、中央が少ししか関わっていないことである。これは全くもって納得できないことであり、中央の意向が反映されない限り予算を使わせるわけには行かないということを明確にする必要がある。東パンジャブ政府に対してはかなりな規制を設けるべきであり、事の性質からして当該政府に中央政府並みの効力をもった機能を与えることはできない（原注22）」

パンジャブの古い運河方式は州内地域単位で管理されていた。通称デラジョット・サークルと呼ばれる氾濫用水路を維持管理する公共建設工事部灌漑課の特別班が十九世紀に設立されていた。バクラ方式に変わると水利管理は中央集権化され、バクラ・ビーズ管理委員会が設立された（原注23）。管理方式が中央集権化されるとインダス流域は洪水にやられやすくなり、渇水も頻発した。隣接する州同士の間で、そして州と中央政府との間で、水の紛争が起き始めた。

一時はダムをお寺とまで持ち上げたネルーは後年、彼自身が「巨大病患者」になっていたと告白している。彼はバクラのような大ダムの計画を、そのコスト、かなりの額の外貨の導入、長期に渡る建設などを理由として政府が本当にイニシアティブを執るべきであったかどうかを、事後になって疑問に思った。一九七八年、灌漑担当大臣のK・L・ラオは大ダムが本質的に持っている不当性、つまり金のかかるものほど利益は薄い、ということを鋭く衝いている。

「バクラ・ダムが建設された時、サトレジ川岸の上にあるバクラ村は水没し村民は隣接する丘に家を建てた。計画は村人を多いに苦しめる結果となった。しかし村人を代表する立場から物を言う人は誰もいなかった。それから何年も経った後、幾度かのダム視察の際、私は新しくできたバクラ村に飲料水も電気も通っていないことを知った。眼下のダムにはまばゆいばかりの照明が照らされているというのに。これはまさしく不公平である。私はバクラ管理委員会に水道と電気を通すように要請した。それでも反対する者がいた。委員会は、それは正式に計画に入っていない、というのである。これこそまさしく不条理な事業である（原注24）」

一九八四年五月、ロパール近郊のバクラ幹線水路が壊れた。ハリャナ州の損害は四千百六十一万四千六百四十八ドルで原因は管理不行き届きであることがわかった。州政府は中央政府に対してパンジャブのすべての水路を保守するよう要請した。運河の決壊は州内に深刻な水不足を引き起こしていた。バクラ幹線水路、ハリャナ地方シルサ、ジンド、ファテハバドの各地のライフラインが決壊し、政府は給水車による飲料水の緊急補給を余儀なくされた（原注25）。一九八六年、ラディブ・ガンジー首相が次の報告を行なった。

「一九五一年以降、二百四十六件の地上灌漑計画が着手されてきたというのが現段階の状況である。この内、完了したのは六十六件のみ、百八十一件はまだ建設中である。おそらく、これらの計画は国民に対してほとんど利益をもたらさないと言っても間違いではない。十六年間に亘ってお金をつぎ込んできた。国民には、灌漑も、水も、生産の向上も、日常生活への貢献も、何の見返りも無かった（原注26）」

一九八八年九月、パンジャブは洪水で水浸しになり、一万二千の村が流失した。パンジャブ州の被害は約十億ルピー、穀類八〇％が水没した。州内の十地方の住民三千四百万人

近くが被害を受け、千五百人が死亡したと報告されている。(原注27)

パンジャブ農業大学の専門家は死者も洪水も「多いに人のなせる災害であり、その大半の責任はBBMB（バクラ・ダム・マネージメント・ボード［管理委員会］）が負うべきである」と主張する。(原注28) BBMB当局はバクラ・ダム二十五周年祭の首相訪問に向けてダムの水量を最大貯水量より二・五フィート高い一六八七・四七フィートまで増水していた。(原注29) すでに二十万立方メートルを湛えていた限界水量三十万立方メートルのサトレジ川に毎秒三十八万立方メートルの水がダムから流れ込んだ。同様にポング・ダムからも警告なしに放水された。パンジャブ農業大学の専門家はさらに言う。

「これらの地域を襲った洪水は言われているようにすべてが雨に因るものではなく、二つの川の両岸の数千人もの住民に何の警告も与えることなく、百万単位の大量の水を理不尽に放出したBBMBの犯罪的な水利管理のせいである」(原注30)

一九八八年十一月、BBMBの理事長が自宅前で射殺された。洪水はBBMBが中央政府の管理下に置かれて以降、パンジャブ州と中央政府との対立の溝を深めた。一九八六年にはパンジャブ州で起きた暴力的衝突で五百九十八人が殺され、一九八七年には千五百四

十四人、一九八八年には死者の数は三千人に達した。(原注31)

大ダムと水紛争

この五十年間に川の本来の流路から水を迂回させる能力はアメリカからのテクノロジーの導入によって劇的に向上した。合衆国開発局と陸軍技術部隊は互いに競争し、公的資金を投入した巨大建造物の新文化を作り出した。ベストセラー著作『キャディラックの砂漠――アメリカ西部と消滅する水』の著者マーク・ライスナー(訳注3)は述べている。「この国に仕事を取り戻し、自己評価の感覚を回復し、黄塵地帯からの避難者に家を与えるための緊急政策として始められた事が自然を壊し、金を喰う怪物に成長してしまい、指導者たちにはそれを阻止する勇気も能力も欠けていた」(原注32)。先住民と環境保護主義者の立場に大きく対立する立場を持った利益団体が繁栄した。ダム建設の技術万歳主義がインドにやってくると、それに付随して生態系が破壊され社会紛争が起きた。インドは住居生活と灌漑農業が川に沿って営まれている川岸文化の国であることから、これらの紛争は拡大した。インドの各地方は川すなわちアブとの関わりの中で表現された。ドアブは「ガンジスとヤムナに挟まれた土地」で、パンジャブは「五つの川のある土地」である。

クリシュナ盆地の乾燥及び半乾燥地域の地表と地下の水利システムは世界で最も洗練された水利方式として進化してきた。この盆地を空から臨むと、この地方の人々が長い時間をかけて建設してきた数多くの貯水池のネットワークの存在が明らかになる。これらの貯水池によって約五百エーカーの土地を灌漑することが可能で、同時に地下水が補充される。貯水池の利用によって水は安易に棄てられることもなく、保存がきく。

長い間、このような地方分散型の水源保存システムが周辺の村落の飲料水と農業用水の需要を満たしてきた。大々的な遠隔地からの送水は行なわれなかったし、地域の作付け方式も地域固有の水の供給に呼応して進化してきた。

ヴィジャヤナガル王国時代に生じた需要により自然の水流に対する最初の大きな介入が行なわれた。十六世紀、クリシュナデヴァラヤ王の治政下でトゥンガバードラ川の水を引き込むための試みが何度も行なわれた。ヴィジャヤナガルの決まりでは、生産用水と飲料用水確保のための貯水池の重大な役割を理解する者が、貯水池建設の組織的計画を担うことができた。(原注33) クッダパー地方のダロージとヴィヤサヤラヤ・サムドラム貯水池はこの計画で生まれた。ヴィジャヤナガルの灌漑方式は一定程度までは水流を迂回導入させはしたが、湛水現象は決して起きなかった。なぜなら彼らは引き入れた川の水を排水路を使って再び川に戻す「循環水路」を機能させていたからである。それとは対照的に、同じ川に建設された大ダムはすぐに湛水を起こしたのである。(原注34)

ダムと強制退去――インドの場合

川の堰止め計画は通常、農業用水の供給、洪水対策、干ばつの緩和を考えて行なわれるものである。過去三十年間、インドでは千五百五十四基のダムの完成を見てきた。一九五一年から一九八〇年の間に、政府は大小の灌漑用ダムに十五億ドルを費やした。しかし、この大きな設備投資の見返りは予測よりもはるかに下回っている。灌漑された土地は少なくとも一ヘクタール当たり小麦五トンを生産するはずであったが、結果は一ヘクタール当たり一・二七トンにとどまっている。(原注35)予定外の低い給水力、大量の沈泥、貯水量の低下、湛水、これらが原因で年間損失量は八千九百万ドルに達している。(原注36)

カルナタカのカビニ計画は、水利開発プロジェクトがいかにそれ自身の手で水の循環を壊し、流域の水源を破壊するかの完璧な実例である。ダムによって六千エーカーの土地が水没し、退去させられた村々の移住のために今度は三万エーカーの原生林を切り開かねばならなくなった。(原注37) この辺りの降雨量は四十五インチから六十インチ(約一四〇〇～一八〇〇ミリ)までに達し、流れ出した泥でダムの寿命はドラスティックに縮まった。二年以内に湛水と塩害で近隣のヤシの木が生えている水田地帯が壊滅した。(原注38)

インドの最も聖なる二つの川、ガンジスとナルマダにダムを作ることは婦人、農民、部族民から猛烈な抗議を受けた。彼らの生命維持システムが破壊され、聖なる場所が脅かされたのである。ナルマダ渓谷の住民はサルダル・サロヴァールとナルマダ・サガールの両ダムによる立ち退きに、ただ単純に抵抗しているのではない。彼らは文明全体の破壊行為に対して戦争を仕掛けているのである。国際的評価を得ている小説家のアルンダティ・ロイはこう書いている。

「国の『開発』における大ダムは国の軍備における核爆弾と同じである。どちらも大量破壊兵器だ。どちらも政府が国民を支配するために使用する兵器である。どちらも人間の知性が生存本能を超えてしまった二十世紀という時代を象徴するものである。どちらも文明そのものが自らにふりかかる悪い兆しなのだ。この二つは人類と人類が生きている地球とのつながり、単なるつながりだけではなく一つの理解、それを断ち切るものに他ならない。卵と雌鶏、牛乳と乳牛、食糧と森、水と川、空気と生命、そして地球と人間存在を結び付ける知性をかき乱すのである(原注39)」

この二十年間、多くの男女がナルマダ渓谷とガンジスのダム建設に抗議し命を捧げてきた。一九八〇年代以来、二人の老人が二つの川でのサティヤグラハ(ガンジーの非暴力主義運動)(原注40)に身を投じてきた。スンデールラル・バウグーナは、テリー・ダムの氾濫を止め、活断層の上のダム建設をストップさせるためにガンジスのテリー・ダムに建てた小屋に住んでいる。マハラシュトラのダム建設反対運動をしてきたババ・アムテは何年にも亘ってナルマダ川の堤防に陣取っている。一九八四年、首相宛に書いた手紙でアムテは、ダムを大量虐殺であると訴えた(原注41)。重い腰痛のため寝たきりであるにもかかわらず、アムテは渓谷の上から動こうとはせず、川とともに死ぬ、と言う。ナルマダ・バチャオ・アンドランの指導的活動家のメダー・パトカルとアルンダーティ・ロイはまた世界最大の水利事業であるナルマダ・ダムに反対して闘うために立ち上がった。

ナルマダ計画はナルマダ川とその支流に大型ダム三十基、中型百三十五基、小型ダム三千基を建設する計画からなっている。百万人が追い立てられ、三十五万ヘクタールの森が水没し、耕作地二十万ヘクタールが浸水し、五百二十二億ドルを費やし、これから二十五年をかけて完成する予定である。(原注42) サルダル・サロヴァール・ダムはすでに建設中だが人権グループと環境保護団体、それに追い立てられる恐れのある部族民からの大きな反対に直面している。ダムによって二百三十四の村の今後が脅かされている。(原注43) 次に建設が予定されているのがナルマダ・サガール計画で、九万一千三百四十八ヘクタールの土地が水没し二百五十四の村の住民が立ち退かねばならなくなる。(原注44)

ナルマダ渓谷反対運動は、以前は立ち退き後の居住権を求める闘いであったが、急速に一大環境運動に成長し、立ち退き補償のやり方だけでなく大型ダムの論理そのものに疑問を投げかけている。この運動は、サイレント渓谷とボドゥガート・ダム計画の二つの主要ダム計画を中止に追い込んだ闘争の成果の影響を受けている。一九八〇年代、これらのダム建設を阻止するために地域社会と環境活動家と科学者とが広く連帯して活動した。ダム建設の緊張度が生まれ高まるにつれて、彼らは水没で生じる上流地域の問題だけでなく、集中灌漑による水の過剰使用や操作ミスにより下流地域で起こされる問題に疑問を投げかける。

グジャラトのタピ川に設けられるウカイ・ダムの建設では五万二千人が立ち退かされた。(原注45)昔、この地にやってきて肥沃な農地を見つけた農民は、再び森を切り開いてできた他所の土地に移住を余儀なくされた。新しい入植地に移るに先だって、政府は土地を整地し、切株を撤去し、無料の井戸を掘り、電力を通すことを約束した。

しかし、である。農民たちが到着した時、約束の大部分は果たされていなかった。政府の協力によって整地だけはされていたが、切株は農民自らが苦労して撤去しなければならなかった。しかも森の伐採と切株の除去によって表土が崩れ、耕作は不可能になった。政府は、以前の村で井戸を持っていた者だけが対象である、という理由で井戸の掘削を撤回した。以前の村はどこも川の近くにあったから、井戸を必要とする農家は少なかった。水は足りない、食糧はわずか、仕事は無い、移住者たちは間もなく周辺のさとうきび農園の季節労働者になっていった。

ヒマラヤ山麓ヒマチャル・プラデシュのポング・ダム建設では一万六千世帯が追い立て

られた。政府はこの時、それまでで最高の補償といえる一家族当たり十六エーカーの土地を与えて、立ち退き住民の半数を遠く離れたラジャスタンの砂漠地帯に移そうとした。こうした努力にもかかわらず、移り住んだ家族は気候にも、水にも、人間にも、言葉にも馴染むことができず、大部分は土地を売り、生まれ故郷に帰っていった。

ヒマチャル・プラデシュのビラスプールの二千百八十世帯を立ち退きに追い込んだのはバクラ・ダムである。(原注46) 家族たちは二十五年前にハリヤナ周辺の土地を約束されていたが今だに完全補償には至っていない。七百三十世帯(三三%)が移住できただけである。しかも一九四二年から一九四七年の間に住民から接収した土地は当時の地価評価で算出されたもので、実際に補償された土地は一九五二年から一九五七年の価格評価から算出され、結果的に一世帯当たり一〜五エーカーのみにとどまった。ポング・ダムによって立ち退いた人たちと同様にここの人たちも厳しい環境の移住先を放棄し、ヒマチャル・プラデシュに帰っていった。(原注47)

過去のダム紛争は立ち退き問題をめぐるものであった。今日では自然保護のためのエコロジーの規範が立ち退き闘争に新しい次元の問題を付け加えている。彼らは今、自分たち自身の生存のためだけでなく、彼らの森林と川と大地の生存のために闘っている。インド東部の百二十一の部族社会の村はビハールのコエル・カロ計画で追い立てを受けたが、建設阻止に成功した。（原注48）計画が実施されれば、バシアのコエル川の水が近くのトプラのロハジャミール村のダムとランチ地方とカロ川に引き込まれることになる。そうなれば、部族社会が慣習法に従って管理してきた二万五千エーカーの森を含む五万エーカーを超える土地が水没するところであった。

植民地時代後のインドでは、大型ダムの大部分は世界銀行の融資で建設されてきた。筆者は個人的に世界銀行の融資によるクリシュナ、カラーダ、スヴェルナレカ、ナルマダ川のダム建設の影響に関する環境アセスメントに参加した。どのケースにおいても社会的コストが利潤をはるかに上回っていた。典型的だったのは世界銀行の投資に対する利潤見通しに合わせて利益見込みが大幅に誇張されていたことである。

クリシュナ川のスリ・サイラム・ダムは世界銀行が融資した数百のダムの一つである。一九八一年夏、政府は警察機動隊とブルドーザーを使って地域住民を建設予定地から排除した。スリ・サイラムで起きたことはインドにおける大型ダム建設の裏コストの一例である。どの水利開発計画も追い出された人たちの生活を暴力的に転覆してしまうものである。

コストは決して純粋に商業的見地から査定できるものではない。スヴェルナレカ・ダムは主として拡大発展する鉄鋼産業都市ジャムシェプールに工業用水を供給するために世界銀行から一億二千七百万ドルの融資を受けて建設された。(原注49) ダムによって八万の部族民が追い出された。一九八二年、反ダム運動の部族民指導者のガンガ・ラム・カルンディアが警官隊に射殺された。彼の死を受けて、カルンディアの同志の部族民たちが闘争を継続している。

「私たちと祖先との絆が私たちの社会とその再生産の基盤である。私たちの子らは祖先の葬られている場所を示す石の周りで遊び、成長する。……祖先との関わりをなくせば私たちの生活はすべての意味を失ってしまう。彼らは補償という。この祖先の墓碑をダムの底に沈めてしまい、私たちが生活の意味を無くしてしまい、いかに私たちの生活を補償できるというのか。彼らは復興という。自らが冒瀆した聖なる場所を一体復興させることができるのか(原注50)」

大規模な運動が起こり、ナルマダ渓谷ダムから世界銀行を追い出すことができた。だが世界銀行は一計画から手を引いただけで、さらなる融資条件をもってインドの水資源への支配を深めようとしている。世界銀行主導の水の私有化政策は政府支配から企業支配へと転換しつつある。開発計画を通した水の権益の中央集権化がこの移行をより容易にする。地域共同体を素通りして、世界銀行と借款を抱えた政府は我が国のわずかな水資源を所有し、支配し、分配し、販売するために企業との間で正気の沙汰とは思えない取り引きを交しているのである。

世界の立ち退き事情

インドでは大型ダムによって千六百万人から三千八百万人が追い出され、中国では揚子江の三峡ダムだけで一千万人が立ち退かされている。国連の世界ダム委員会の推定によるとダム計画で移住した人々の数は世界全体で四千万人から八千万人に上る。(原注51) 委員会の結論は「ダムの利益を確保するために特に社会的、環境的側面において、移住者、下流の地域、納税者、自然環境は、受容し難い、多くの場合不必要な代償を支払わされてきた」というものである。世界全体で推定二十億ドルもの金が四万五千カ所の大型ダムに投資されている。一九七〇年から一九七五年の間のダム建設最盛期には世界で大型ダム五千カ所が建設された。ダム建設数上位五位以内の国だけで大型ダムの八〇%を占め、中国は二万二千カ所、全体の五〇%に上る。(原注52) アメリカ合衆国には六千三百九十カ所の大型ダムがあり、インドがわずかに下回り四千カ所、日本は千二百カ所、スペイン一千カ所、の順となっている。アメリカとヨーロッパのダム建設は減ってきたが、インドはダム建設数で世界最大になっており、現在建設中の四〇%を占めている。なかでも問題の多いダム建設紛争がほとんどインドで起きているのも驚くにはあたらない。

立ち退き問題は大規模水利計画がばら蒔いた紛争の種が持つ独自的側面である。人は自分の家から強制的に追い出され、暮らしを壊されることには猛烈に抵抗するものである。残念ながら第三世界の反ダム運動はグローバル企業と手を結んだ国家の新しい暴力と対決しなければならない。世界ダム委員会の報告によると、アフリカのカリバ・ダムの建設途中、トンガの人々の抵抗運動は国家の弾圧に遭い、八人が殺され、三十人が負傷した。(原注53) 報告はまた一九八〇年四月、ナイジェリア警察はバコロリ・ダムに抗議する人たちに発砲し、一九八六年にはグアテマラのチホイ・ダム建設用道路のために三百七十六人の婦女子が殺されたと述べている。

一九九一年、インドのコエル・カロ・ダムに脅かされた部族民一万六千三百五十世帯はコエル・カロ・ジャン・ガタン運動によって建設阻止に成功した。ダムができれば二百五十六の村の住民を追い出し、百五十二カ所の先祖の墓地を水没させるところであった。しかし政府は十年続いている人々の抵抗を終わらせるべく力に訴えようとしている。二〇〇一年二月、コエル・カロ・ジャン・ガタンのあるメンバーに対する襲撃事件の抗議デモ行進に警官隊が発砲、子供三人を含む六人が殺され、五十人が負傷した。(原注54)

河川水路の変更と水戦争

大型ダムは河川の本来の水路を変えるために建設される。川の流れの変更、特に流域内での組み替えは流水配分のパターンそのものを変更することである。水の分配の変更はきわめて頻繁に地域間の紛争を引き起こし、それは急速に中央政府と地方との論争にエスカレートしていく。

インドのどの川も大きなしかも非妥協的な紛争の舞台となってきた。ストレジ、ヤムナ、ガンジス、ナルマダ、マハナディ、クリシュナ、カヴェリといった川のどれもが、水の所有権と分配権をめぐる州政府間の係争の火ダネとなり法廷で争われてきた。二〇〇〇年に起きた森の盗賊ヴェーラッパンによる人気映画スターのラジクマール・カルナタカ誘拐事件さえも、カヴェリ川の水をめぐるカルナタカとタミール・ナドゥの紛争に絡んでいた。ヴェーラッパンの要求にはカヴェリの水をもっとタミール・ナドゥに渡せというものが含まれていた。(原注55)

カヴェリ川は州政府間のややこしい論争をはらんだ川の一つである。カヴェリは何世紀にもわたって使用されてきており、二千年の歴史を有する有名なカヴェリ川の大灌水ダム、アニカットは、インド亜大陸における最古の水利システムと信じられている。一八二九年に英国人がカヴェリ川流域のタンジャヴールに技術導入を試みたが、沈泥と氾濫に対処できず、結局は古代のアニカット方式に戻らざるを得なかった。

インド独立以来、カヴェリ川はタミル・ナドゥ州とカルナタカ州の間で常に論争の的になってきた。両州間の水争いは流血を呼び、政府まで転覆させた。(原注56)最近の紛争の多くはカヴェリ川からのタミール・ナドゥへの給水を削減するというカヴェリ水論争裁判の判決から生じたのであるが、論争は英国の法治下にあったマドラス州（現タミール・ナドゥ州）と間接的植民地法の下にあったミソーレ州との間の一八九二年合意にまで遡る。一八九二年、英国は下流居住地域であるマドラス州に上流居住地域のミソーレ州が行なう灌漑事業に対する全面的な拒否権を与えた。一九二四年、マドラスとミソーレはクリシュナ・サガール・ダムを建設し、さらに十万エーカーの土地を灌漑するという合意に達した。

一九七四年、インド独立後それぞれタミール・ナドゥ州、カルナタカ州と名前の変わったマドラス州とミソーレ州の灌漑拡大協約の期限が切れると、再びカヴェリ川の水の分配をめぐって対立が表面化した。一九八三年、論争はタミール・ナドゥの農民組合がカヴェリ川の水の分配拡大の請願書を提出したことで最高裁判所にまで上訴された。(原注57) 一九九〇年、法廷は中央政府にカヴェリ川論争裁判の開廷を要請した。

しかし、週単位の放水をカルナタカに命じた暫定措置の履行は不可能だった。裁判所命令が下されるとカルナタカ州は法令を発布しその履行を妨げた。一九九一年、インドの総理大臣が仲裁に入り最高裁に差し戻された。最高裁はカルナタカの法令は国家の法制下にあると判断、原判決を支持した。この判決が引き金となってカルナタカの州都バンガロールに暴動が発生、タミール人が標的となり、農場から追放され、家は略奪放火された。暴動はタミール・ナドゥに波及し、カンナディガスが攻撃された。一九九一年の暴動で十万人が他所に移ったと推定されている。(原注58)

アメリカ大陸では近年、コロラド川の水をめぐって合衆国とメキシコとの間で対立が起きている。一九四四年、協定によってコロラド川の水、一・五エーカーフット(訳注4)がメキシコに割り当てられた。一九六一年、メキシコは合衆国から流れてくる水がグレン・キャニヨン、モハビ湖、マバス湖のダム、そしてフーバー・ダムによって甚だしく塩化していると抗議した。(原注59) 一九七四年、アメリカはコロラド川の水がメキシコに入る前に脱塩処理するプラントを建設した。この建設費用だけで十億ドルを要した。アメリカの灌漑用水は一エーカーフット当たり三百五十ドルするが、そのうち三百ドルが脱塩コストである。(原注60)

水のジハード

大型ダムにからむ紛争は州同士の対立だけに限られているわけではない。国家間の戦争に至ることもある。チグリス川とユーフラテス川は数千年にわたってトルコ、シリア、イラクの農業を支えてきた大水域であるが、この三国の間に大きな衝突を引き起こしてもきた。どちらの川もトルコの東、アナトリア地方を源流とし、トルコは国内における絶対的な水の支配権を持つ。トルコの立場はこうだ。「イラクに湧く石油がイラクの物であるように、この水はこの国の物だ」(原注61)。一方、その歴史的権利を主張するためイラクは「先にやって来た者が先に権利を得る」というカウボーイ理論の水利権に基礎を置く「優先権」主義を持ち出し、六千年前のメソポタミア時代の人々の川の利用の仕方に遡る(原注62)。近年になると工業化で高まる水の需要が紛争の引き金となった。トルコは一九五三年に国家水力開発事業を発足させ、大規模ダムを建設し水力発電計画を開始した(原注63)。

アナタータ・ダムは東南アナトリア・プロジェクト（GAP）の中心である(原注64)。一九九〇年に完成したこのダムは、二十六キロメートルのトンネルを通って南トルコのハラン平原にまで送水する。トルコが千七百万ヘクタールの土地を灌漑するため、三十二億を投じてユーフラテス川に二十二基のダムの建設に移ろうとしていることから、イラクとトルコの紛争はさらに激しくなるものと思われる(原注65)。アナタータ・ダムと同時にあと二つのダムが作動し始めれば、イラクはユーフラテス川の水からの割り当て量の八〜九割を失うことになる(原注66)。

ユーフラテス川の水利開発計画はトルコ、シリア、イラク、クルドのそれぞれの間の武力衝突の原因になってきた。一九七四年にシリアとイラクが衝突した。PKK（訳注5）（トルコ労働者党）はアナターク・ダムとGAPを爆破する恐れがあった。

トルコ、シリア、イラクの三国に分断されているクルド人勢力も、それぞれの国内で民族運動に立ち上がった。一九五〇年から一九七〇年の間に百万人以上のクルド人は、PKKが国内闘争を続けているトルコ西部に移動した。そして一九八九年、当時のトルコ首相トゥルグット・オザルは、シリアが亡命をうけ受け入れているPKKを追放しないならば反乱軍地域への水の補給を完全に断つ、と迫った。一九九八年、トルコ軍参謀総長はシリアと「臨戦態勢にある」と宣言した。（原注67）

トルコ東南部のクルド人地域の七万八千人を追い出し、歴史のあるハザンキエフの町を破壊することになるイリス・ダムの場合に示されているように、民族紛争と水とは緊密に絡み合っている。地域町村はダムを望んでいないが、分裂主義運動の一部と見られるのを恐れ、表立って抵抗しないでいる。イリス実態調査委員会は「分裂主義的イリス反対派指導組織が反対勢力に大きな影響力を持っている。早い話が、地域住民はダム反対の立場を公式に表明するのが怖いのである」と報告している。ダムは明らかに一つの政策手段である。国家警察のある人物は言う。「ダムは権力を意味する。水を抑える者が力を持つのだ」(原注68)。

中東には水が少ない。にもかかわらずこの地域の水利プロジェクトは巨大なものが多い。イラクの五百六十キロメートルのサダム運河建設計画ではチグリス、ユーフラテスを横断するというものである。広大な流路変更によってそれまでの湿地帯の五七%が乾燥し、五千年にわたってこの地に生きてきた湿地帯アラブ人住民の生活が危機にさらされている。生活を守るため、湿地帯アラブ人住民はイラクに対して宣戦を布告した。彼らが呼ぶところの「水のジハード」である(原注69)。

イスラエルと西岸地区

イスラエルとパレスチナの戦争は一定程度、水の戦争である。争点はイスラエル、ヨルダン、シリア、レバノンそして西岸地区が使用するヨルダン川である。イスラエルの大規模生産型農業にはヨルダン川の水と西岸地区の地下水が必要である。ヨルダン川流域の三%しかイスラエルを通っていないのにもかかわらず、六〇%がイスラエルの水需要に充てられている(原注70)。

まさにイスラエルは水へのアクセスを確保すべく位置している。「この国の未来を支えるべき水資源がユダヤ人の未来の国土の外にあってはならない。この理由から我々は常に、イスラエルの国土がリタニ川南岸、ヨルダン川上流、ダマスカス南部のエル・アウジャの泉があるハウラン地方を含むものであると要求してきた」とは一九七三年に前首相、ダヴィッド・ベン・グリオンが記していることである。(原注71)

水紛争は一九四八年にイスラエルが小麦農場の灌漑用水としてヨルダン川の水を巨大なパイプラインを延ばしてネジェヴ砂漠まで送る「全国水路計画」に着手した時に始まった。(原注72)この計画はシリアとの論争を引き起こした。一九五三年、アメリカから、水資源統合開発計画を携えたエリック・ジョンストンが派遣され、イスラエル、シリア、ヨルダン間の対立の解決を図った。シリアは計画を拒否、以後イスラエル、シリア国境紛争は水路変更と密接に結び付いてきた。イスラエルのレヴィ・エシュコル元首相は一九六二年「水は我々の血管を流れている血である」と表現し、その道を閉ざすことは戦争を意味すると声明した。(原注73)

一九八七年から一九八八年の間に、イスラエルは使用量の六七％を農業用水に充て、残りを生活用水と工業用水に充てた。(原注74)一九九二年にはイスラエルの農業用水消費は六二％にまで減少したが、最大の水消費部門であることに変わりはない。二〇〇〇年、イスラエルの全耕作地の五〇％に灌漑が行き届いているのに反して、パレスチナの村々はイスラエルの使用量のわずか二％しか消費していない。(原注75)民族と宗教ではっきり区分けされた水のアパルトヘイトはすでに加熱しているイスラエル、パレスチナ紛争に油を注ぎ込んでいる。

イスラエルが西岸地区とゴラン高原を占領した一九六七年の戦争は事実上、ゴラン高原、ガリレー湖、ヨルダン川、西岸地区の淡水源の占領に他ならなかった。中東研究家イーワン・アンダーソンは書いている。「西岸地区はイスラエルにとって貴重な水源となった。そしてこれは他の政治的、戦略的要因より重い問題である」(原注76)と。

一九六七年から一九八二年の間、西岸地区の水は軍隊が管理していた。現在はイスラエルの水道会社メコロットが管理し、イスラエルのすべての水道網を抑えている。(原注77)西岸地区の水がイスラエルの水需要の二五〜四〇％を供給し、イスラエルは西岸地区の水の八二％を消費し、パレスチナ人は一八〜二〇％を消費している。パレスチナの水はイスラエル政府が管理している。一九六七年の軍令は、次のように定めている。(原注78)

「何人も新規の許可なく水利施設（地表又は地下水を取水するために使用する設備、又は水処理施設）を設置し、又は所有し、運営することはできない。申請人に対する許可の棄却、許可の取消し、許可の変更は理由の如何を問わず行なわれるものとする。関係当局は無許可の水源を、その所有者が処罰されていない場合でも、捜査し没収できる」

一九九九年、パレスチナ人に七カ所だけ井戸の掘削が許可された。(原注79) さらに、ユダヤ人は深さ八百メートルまで許されているが、パレスチナ人は百四十メートルより深く掘ることはできない。

干ばつと濫用が水不足を悪化させ、それとともに水紛争が激化する。ガリレー湖の水位は一九九三年に十三フィート下がり、百年ぶりの低さを記録した。一九九九年、イスラエルは干ばつで農業用水の使用を一〇％削減しなければならなかった。イスラエルはこれ以上の水の使用をカットし、棉花とオレンジの栽培を止め、耐乾性作物に転換しなければならなくなるだろうといわれている。(原注80)

ナイル川をめぐる紛争

ナイル川は世界最長の川であり、エチオピア、スーダン、エジプト、ウガンダ、ケニア、タンザニア、ブルンジ、ルワンダ、コンゴ民主共和国、エリトリアのアフリカ十カ国を潤している。ナイル川も複雑な水紛争の現場である。一九九〇年、ナイル川流域の諸国の総人口は二億四千五百万人と推定され、二〇二五年には八億五千九百万人に到達する見込みである。ナイルの全水量の八六%がエチオピアから発し、残りの一四%がケニア、ウガンダ、タンザニア、ルワンダ、コンゴ民主共和国、ブルンジからの水である。

ブルンジに端を発する白ナイルとエチオピアから流れ出す青ナイルはエジプト、エチオピア、スーダンの間の長い紛争を生んできた。英国はスーダンを植民統治していた時代、ナイル川を水運に利用し、一九〇三年、エチオピアとの間に青ナイルの流れを操作しない協定を結んだ。(原注81) 一九五八年、エジプトはアスワン・ダムを建設、スーダン人十万人を立ち退かせた。(原注82)

アスワン・ダムは、まずエジプトとスーダンの紛争を生み出した。だが、スーダン側は水使用量の増加を約束され鉾を納めた。ところがエチオピアは、ナイル川の水の分配について一度も相談を受けたことがなく、いかなる場合でもナイルを利用する権利があると応酬した。一九七〇年にダムが完成するとエジプトとスーダンは一億ドルをかけてジョングレイ運河の建設を開始したが、これはスーダン人民解放軍(訳注6)に粉砕され、建設従事者たちは撤退させられた(原注83)。

一九五九年、エジプトとスーダンは「ナイル川完全利用協定」として知られる二国間協定を結び、上流諸国の水の需要、今後の需要などを無視してナイルの流れを自分たち二国だけで分配しようとした。この協定がこれら三カ国間の終わりなき戦いの源となってきた(原注84)。

一九六〇年代、エチオピアのハイレ・シェラセ皇帝はアフリカ開発銀行の融資を使い、青ナイルに二十九カ所の灌漑用及び水力発電用ダム建設目的でアメリカ連邦開発局を雇用した(原注85)。しかし、これらのダムによって水の供給量が八・五%減少することになるエジプトは融資の承認を妨害し、この計画を阻止した。

一九九七年、国連は国際水路非航行利用法会議(訳注7)を開催し、世界の河川の共同使用のためのガイドラインの策定を図った。会議は二つの原則を設けた。一つは公平で正当な利用の原則、もう一つは無害な利用の原則、である。公平な利用とは多数の利用者間での公平な分配を目指すものであり、無害な利用とは、川岸を共有する国家に害を及ぼさないことを目指すものである。

これらの原則を押し付けることにより多様な解釈が生まれ、さらに対立が生まれる結果になった。エチオピア、エジプト、スーダンはそれぞれの立場でこれらの原則を引き合いに出し、さらにまた激しい論戦が始まった。エジプトとスーダンが、一九五九年のナイル協定は無害の原則に抵触していないと一方で主張するのに対し、エチオピアとその他の上流諸国は、川岸共有国家間の公平な利用の原則を盾に水利権を主張した。(原注86)

一九九九年二月、タンザニアで行なわれたナイル川流域水利問題閣僚会議で、ナイル川流域イニシアティブが採択された。ナイル川流域十カ国は「水資源の公平な利用による持続的な社会経済開発を実現し、開発目的の範囲内において川岸諸国によるナイル川の資源の利用の権利を認める」(原注87)観点からナイル川流域戦略行動計画に署名した。諸国は過去の対立を越えて、世界最大の川の水を世界で最も貧しい人々のために持続的に且つ正当に利用しようとしている。

水の国際規則

水の法律は国際的にも国内的にも、水利紛争が提起している環境的、政治的課題に適切には答えていない。現代法において、水に関する最も基本的な法、水の循環の自然原則について書かれたものは皆無である。要求は生まれ、保護は人工のコンクリート建造物に委ねるしかない。この限界が地域や国をして、水の権利を確立するための手段としてのきわめて贅沢な水利プロジェクト競争に駆り立てた。巨大プロジェクトで取水し水路を変更すればするほど、権利を要求することができるのである。水の紛争はエスカレートし続け、今のところ、これらの紛争を解決する適切な法的枠組みは存在しない。

水利権には四つの論理がある。それはすなわち、領土主権論、自然流水論、公平分配論、共同体帰属論であり、世界の水の分配習慣を導いてきた。一八九六年に登場した領土主権論は別名ハーモン原則として知られ、自国の領土を通過する流水の専有的権利あるいは主権は当該の川岸国家が有する、というものである。この場合、当該国は他の川岸国家に及ぼす被害に関わりなく水をどのように使ってもかまわない。この原則はリオ・グランデをめぐるアメリカとメキシコの論争のポイントになってきた。

ハーモン原則は正義の概念に反し、完全に受け入れられたことはない。この原則に従えば有利な国家までもが下流の川岸の利用者に権利を譲ってきた。ハーモン原則を生み出したアメリカ合衆国でさえ、他の川岸国家とともに開拓することになった時、善隣外交政策上いくつかの権利を譲渡している。一九〇六年のリオ・グランデ協定では、ハーモン原則を肯定しながらも、合衆国は「国際共同体」を基盤として「メキシコに水路変更以前に利用していた水と同等の物を保証する意向」（原注88）であった。一九四四年の両国間の協定でもメキシコに特定の量のコロラド川の水が与えられた。同じように、インドはインダス川の川岸国家として絶対的優先権を主張しながらも隣国パキスタンに権利を譲っている。（原注89）

自然流水論、または領土保全論と言われているものは、川が領土の一部である以上、下流の川岸にある者は誰でも上流の川岸領有者の制約を受けることなく川の自然流水に対する権利を有する、と主張する。上流の川岸領有者は適切な水路を通して自然な流水を下流の川岸領有者に流さねばならない。この原則はイギリスの私有財産法から生まれ、中央集権国家の水利に適用された。エジプトは一九五二年、スーダンに対抗してこの原則を採用、絶対的なナイル川の水使用権を主張した。しかしナイル水利調査委員会がエジプトの主張を却下した。一九二九年に英国に上流川岸国の水使用の拒否権を行使してもらいエジプトは水利権を勝ち取っていた。（原注90）

公平使用論と共同体帰属論とは密接に関連している。公平使用論は、国際河川は公平な基盤の上で異なる国家間で利用されるべきである、と主張する。近年になって公平使用論は国際的に受容されてきた。一九六六年に採択された国際河川水利用ヘルシンキ規則は各国は「国際集水域の有効水利における正当かつ公平な割り当てを受ける権利がある」と認めた。(原注91) 規定はアメリカ西部式を覆し、新しい公平な分配の方法が従来の方法にとって替わるべきだとしたのである。

支持はあるが、公平分配論とて問題がないわけではない。最も難しい問題は公平分配の意味そのものである。国家間の紛争を解決するために採用されてきた公平分配の規準は正確な適用が困難である。川を配分するのは容易な仕事ではない。公平分配論の基調をなすのは公平性であり平等ではない。公平な利用とは、川岸国家の互いに異なる経済的社会的必要に照らして見たそれぞれにとっての最大の利益を尺度としている。

様々な必要を満足させつつ十分な利益を得る、この二重の目標を実現しようというのは難しいことである。国も川も二つと同じものはない。一つの解決方法が他の場合も通用するとは限らない。公平な水の分配のガイドラインを作り上げるためには複雑な技術的、経済的データやぶつかり合う要求と川の利用の法的バランスなどをよく研究、分析する必要がある。水利問題は通常、国家の経済的需要と発展の情況という変化し続ける要素に規定されるだけに問題はさらに複雑である。

公平使用論の固有の困難性にもかかわらず、国際法協会と国連は幅広いガイドラインと基本原則を打ち出した。国際河川水利用ヘルシンキ規則によれば「流域内の国家はその領土内で国際集水域の有効水利における正当かつ公平な割り当てを受ける権利がある」。今、必要なのはエコロジーと公平性、持続性と正当性の結合である。

大型ダム全盛期、川の水路変更は利益をもたらすもので、コストはかからないと思われていた。しかし環境への影響を考える時代になって、それまでは純粋に経済的言語で定義されていた公平使用論は、河川流域の総体的保護と水利紛争の軽減のために根本的な変換を迫られている。現在の水利権は国家が大きな水利プロジェクトを通して広く水を管理し消費する権利を支えるものである。インドのクリシュナ渓谷開発公社（ＫＶＡ）の設立は公平使用論の論理がいかに大型ダムの建設に役立っているかの好例である。

クリシュナ法廷は「クリシュナ川の水が一定程度そして条件つきで貯水され、所有され、使用されることを保証するため」ＫＶＡを設立した。(原注92)テネシー渓谷開発公社（ＴＶＡ）をモデルにしたクリシュナ渓谷開発公社はクリシュナ川を保全し保護するために作られたのではなく、流域全体の総合計画を担当させるのが目的であった。マーク・ライスナーが指摘したように、「テネシー渓谷開発公社の設立が標した最初の大河川システムは結果的に自然の河川が消滅したとしても『完璧』なもの」とされた。(原注93)

今、水利紛争解決に使われている科学的知識と社会正義の枠組みは、ダムのない川は水を浪費している、と考える。保護的使用の概念より、ダム建設とその他の水利プロジェクトの建設が優先する。ヘルシンキ規則は、既存の正当な使用は「その継続を正当化する要因が、敵対し相反する使用を順応させるために変更または終了するという結論に至らしめる要因より脆弱でない限り」受け入れることができる、としている。もし既存の使用を最終的なものとして固執するなら「河川の開発は先行利用者の要求によって凍結される。実際、もし国家が充分に迅速な対応をすれば、流域の水を所有し、流域共有国を完全に排除できると考えられる」(原注94)のだ。しかし、もし既存の使用に何の重要性も与えられないなら、継続的な水の使用が保証されていないプロジェクトに多額の投資をするような国がなくなり、河川の開発は禁止されるであろう。ヘルシンキ規則はダム建設に関与する紛争当事者の間の妥協を表わしている。

インドでは、州内河川のような共同水資源の自由使用を許している州はない。一九三三年インド政府条例は、州内河川の水に対して地方による使用に制限を設けている。もし一地方の行動が他の地方の利益を害するかまたは害するおそれがあると判断されれば、後者は州知事に不服を申し立てることができる。インド憲法も、川岸共有州が他の川岸共有州に及ぼし得る害を考慮に入れずに州内河川を開発することを禁じている。憲法は議会に「使用に関する論争あるいは苦情を裁量するため、州内河川または渓流の水の分配あるいは管理について」規定する権限を与えている。(原注95) 条例はしかし、州内の水論争を収拾するためにどのような原則に従わねばならないかについては何も触れていない。

ヘルシンキ規則や国連の国際水路非航行利用法会議のガイドラインの存在が必ずしも正義を代弁しているわけではない。各流域はそれぞれに多いに異なり、水使用に関する画一的なアプローチは実用に供さない生態学的多様性に照らして見ると、公平な利用の原則が漠然としたものになる。公平な使用の理論は河川を、人間の意のままに分配できるスタティックな資源として扱っている。河川の場合、実際に所有されるのは何かと言えば、それは流れである。水とは流れであり、木の株ではない。その分配のインパクトは地域を越えたものである。上流と下流の地域、または川岸州と非川岸州の様々な利害は時によって変化するし、公平な分配の意味も変化する。

水利権の配分だけが領土主権と川岸居住権のバランスを維持する問題ではない。水利プロジェクトは同時に厳しい生態系へのインパクトを持っており、そのコストの負担は州と社会団体に不平等に振り分けられているためだ。自然な流水が絶対的な規準たりえない以上、保守保存が持続可能な使用を定義する規準でなければならない。生態学的展望も水の保守保存は水の浪費だ、という見方を正す一助となる。生態的に手付かずの水は、地下水の充塡、淡水バランスといった不可欠な生態系のプロセスの維持にきわめて重要である。

地表水と地下水、そして淡水と海洋生物の生態的連関については、資源の管理や法的枠組みの中で見落とされてきた。クリシュナ州では地下水の使用はクリシュナ川の水の使用と分けて扱われており、クリシュナ法廷は州に地下水使用の全面的自由を与えた。地下水の利用の統制を無くしたことによって、法廷は水資源の私有化と濫用を許し、環境に新たな紛争を育てている。地下水使用に規則はなく、流域のほとんど全域で地下水が枯渇し、さらに渇水そして干ばつを深刻化させている。規則の不在によって河川の水路変更と流域内送水の新たな需要が出されてきた。

ラヤルシーマ地方では地下水の使いすぎと先住民の灌漑システムの崩壊によってクリシュナ流域の水の流域内水路変更のあらたな要求が持ち上がってきた。地表水と地下水は人工的に分離できない。地表水の流れが浸み込み地下水を充填する。従って地下水の枯渇は地表水の状態に影響する。

ダムについての論争は、ある地方がどれだけの水を他所から持ってこれるか、あるいは他の集団の灌漑やエネルギーの需要を満たすためにどれだけの環境破壊に耐えなければならないかという、地域社会と地方の間の争いである。これまで、インドにおけるダム反対闘争は多く立ち退き問題から生まれていた。それは追い出された人々とお上の無慈悲なブルドーザーとの争いである。

一方、湛水、塩害といった大規模灌漑システムの副産物への闘いは時に大規模水利プロジェクトの分配に対する抗議にとどまり、大規模貯水システムに焦点を合わせていなかった。水没する森林、人里、農地などの貯水の生態的影響、そして運河と灌漑の影響、この両者を考慮に入れねばならない。つまるところ、水利権紛争は州内の地域的レベルにおける紛争の形をとっている。

正しく、持続可能な水利政策のきちんとした枠組みは、ダム反対運動、環境異変を起こす集中灌漑反対運動、水利権運動同士の対話が成立したところで進化できるだろう。これらの運動を結び付ける鍵は、河川の流域において水が持つ多様な機能を位置付ける生態学的展望である。生態学的世界観が、水利計画を環境の面から監査し、このような計画に潜むコストを明らかにし、資源の配分の代替策の提案を可能にするであろう。

【訳注】

1　W・J・マックギー：アメリカ合衆国地理院の大西洋岸担当地理学者として国土調査を務めた後、一九〇三年にアメリカ人類学局に入局、一九〇四年のセントルイス万博人類学展示を監督した。一九〇七年に内陸水路事業局の副局長となった。

2　コロラド・リヴァー・コンパクト：一九二二年にコロラド川の水利権を西部の七つの州で均等に分割することを決めた協約。これに対してアリゾナ州知事ハントが不公平だと異議をとなえ、カリフォルニア州もこれに続いた。結局、協約はアリゾナ州を除外して調印され、フーバーダム建設の布石となった。

3 マーク・ライスナー：アメリカの人気ノンフィクション作家。著書に*"Cadillac Desert"* *"Overtapped Oasis: Refer or Revolution for Western Water"* *"A Dangerous Place: California's Unsettling Fate"* などがある。

4 エーカーフット：灌漑の水量を計る単位。一エーカーフットは一二三三・四六立方メートル。複数はエーカーフィート。

5 PKK：一九七〇年に結成されたトルコの社会主義革命党。封建部族支配の打倒を目標とし、その後クルド人解放の立場に立った。八〇年代に入り理論武装を固め革命党として権力から警戒されるようになり、激しい弾圧で多くの指導者を殺された。最高指導者はアブドゥラ・オカラン。

6 スーダン人民解放軍（SPLA）：一九八三年にスーダン人民戦線のジョン・ガラングをリーダーに結成された。エチオピアの援助を受け、人員を増強、九〇年代には兵力を六万人にまで増やした。またリビヤからの武器援助も受けており、ハルツーム中央政府にとって常に脅威的存在である。

7 国際水路非航行法会議：The Convention on the Law of Non-Navigational Uses of International Water Courses (1997)　川岸諸国家による洪水対策、灌漑用分水、水力発電、公害対策、淡水生態系保護などの競争的要求の平和的な規制化の指針となる国際法の基本案を採択した。この会議では「国際水路」を「一つの全体で、かつ通常的に共通の終点に流れ込み、一部を互いに異なる国家内に位置する物理的関係にある地表水と地下水のシステム」と定義した。これはヘルシンキ規約の「一つの流域の自然水の分配」に替わる物である。しかし水路の定義だけで、土地と生態系との結びつきについては言葉が足りないものでもある。だが、川岸国家間の公害、汚染、保健、衛生の面での保護、監視義務を設定したことでは評価される。

Chapter four

The World Bank,the WTO,
and Corporate Control Over Water

世界銀行、WTO、企業の水支配

Chapter four

ほとんどの場合、巨大水利プロジェクトは強者を利し、弱者から奪う。たとえこのようなプロジェクトが公的資金によるものであっても、その受益者は主に建設会社であり、産業界であり、営利農業である。民営化は官の役割の消滅である、と美しく語られるが、現実に目にするのは地域社会の水資源管理を覆す国家の水利政策への介入の拡大である。世界銀行に押し付けられた政策と世界貿易機関（WTO）がこしらえた貿易自由化の取り決めが、世界中に企業＝国家という文化を広く作り出している。

世界銀行――企業の水支配のための道具

世界銀行は水不足と汚染の発生に大きな役割を果たしただけではなく、その水不足を水企業のためのビジネス・チャンスに変えようとしている。世界銀行は目下、水利プロジェクトにおいて約二百億ドルにのぼるけた外れの投資をしており、うち二十八億ドルが都市水道と衛生設備、十七億ドルが地方の水利計画、五十四億ドルが灌漑、十七億ドルが水力発電、三十億ドルが水関連の環境プロジェクトへの投資である。（原注1）南アジアは世界銀行の水関係の融資の二〇％を受けている。

世界銀行は水市場のポテンシャルを一兆ドルと見積もっている。(原注2) ハイテク株式の暴落の後、『フォーチュン』誌は水ビジネスが最も収益の高い産業だと確認した。(原注3) 巨大ハイテク企業であるモンサントのような大企業は、この儲かるマーケットが欲しくて仕方がない。モンサントは現在、水ビジネス参入を企んでおり、開発機関からの融資を警戒心を持って見ている。

「まず第一に我々は特に水の分野での不連続性（資源の質あるいは量の面での主たる重要政策の突発的変化）を信じており、こうした不連続性が起きた時に、このビジネスを通してより大きな利益を得るために適切な立場をとるであろう。二番目に、我々は非従来型の融資（非政府組織、世界銀行、USAID(訳注1)など）の可能性を探っている。これが我々の融資負担を下げ、地域国家のビジネス構築資本を確保させてくれる(原注4)」

水を私有化し売買するための世界銀行の融資条件はモンサントの利害に合致し、両者はすでに協力を検討している。モンサントは「世界銀行の国際金融公社（IFC(訳注2)）とパートナー・シップを組むことに特に熱心」で、IFCが「我々の努力に対し資本と現場的能力の両方をもたらす」ことを期待している。(原注5) 会社にとって、都合の良い開発とは環境の危機を資源不足マーケットに転換することである。

モンサントは安全水の市場を数十億ドルと推定している。二〇〇〇年、インドとメキシコの安全水備蓄ビジネスは三億ドルに到達するものと見込まれた。これはNGOが水利開発プロジェクトと対地方政府水供給計画のために現段階で費やしている金額である。モンサントはこうした地域社会の水確保のための公的資金をせしめようとしている。貧者がお金を払えない場所では、この会社は「地方政府とNGOとの関係を樹立することに的を絞り、マイクロ・クレジットのような最新の融資方式を通した非伝統的なシステムを作る計画である(原注6)」。

モンサントはまた、ユリイカ・フォーブスとTATA(訳注3)とのジョイントベンチャーで浄水に携わる会社を設立してインドの安全水市場に進出する計画である。このベンチャーは水の販売配給システムをモンサントが支配するのに役立つはずである。ジョイントベンチャーは、モンサントが「地域の法的制約を受けずに地域の経営を支配できる(原注7)」ために理想的なものだ。モンサントはさらに、水の電気分解処理技術を開発した日本の会社を買収しようとしている。(原注8)

一九九九年、モンサントは農業用バイオテクノロジーを向上させ魚類養殖能力を拡大するため、アジアの水産養殖産業でもベンチャーを立ち上げた。同社は二〇〇八年には、水産養殖ビジネスで売上げ十億ドル、純利益二億六千六百万ドルを見込んでいる。モンサントは水産への参入を持続可能な開発の援助の名目で正当化しているが、工業的水産養殖はきわめて非持続的なものである。インド最高裁判所は、その破滅的な結果からエビの大規模養殖を禁止した。残念なことに、政府は水産官僚の圧力を受けて規制解除を試みている。議会に水産規制法案が提出され、海岸を保護するための環境法を反故にしようとしている。(原注9)

官民協力――水私有化のための国際援助

世界銀行とその他の援助機関の基金を受けた私有化プロジェクトには通常、「官民協力」のレッテルが貼られている。このレッテルは、その言わんとする点においても、その隠された点においても、強力である。言わんとしているのは公の参加、民主主義、実施義務である。しかし、官民協力とは通常、公共物の私有化のために公的資金を運用するものだという事実は隠蔽されている。

官民協力は大型建造物とか大型管理（サービスの運営、提供）の部門でよく行なわれるものである。管理契約には半年から三年の期間の短期サービス契約、公的機関が投資責任を負った三年から五年の長期契約、あるいは民間機関が運営、維持管理、提供、投資などを全面的に請け負う二十五年から三十年の期間の契約といった種類がある。長期契約には普通、公的機関が支払う水のバルク買い契約[訳注4]が含まれており、エネルギー民営化における電力購入契約と非常によく似ている。

官民協力は民間資本を惹き付け、公共事業の雇用を抑制するという形で続発してきた。世界銀行は、第三世界が二〇二五年を目処に都市化するものと想定し、インフラストラクチャー整備プロジェクトの投資に六千億ドル必要になると推定している。[原注10]都市化はしかし、水の私有化と同様に世界銀行の政策の結果なのであって避け難いものでは決してない。

現在、水利サービス事業での官民の共同作業は数百万ドルの援助を受けている。これは契約企業への補助金で、民間企業はこの金を求めて喉から手が出るほど協力事業契約を欲しがっている。インドだけでも、水利サービス事業でこの種の協力事業が三十例ある。[原注11]水ビジネスの官民協力が公共事業としての水利サービスにとってかわりつつある。

「第一番目は行政制度改革を通した営業志向に焦点を合わせることである。例えば、その第一歩は上下水道部門を営利事業ベースに置いてリストラの対象にすることであろう。公益事業の株式会社化や上下水道制度を個々のジョイントベンチャー企業に経営させることは求められている営業意識をもたらす助けになるであろう。
二番目は、適切な規準の枠組みの必要に関わる側面である。このような行政制度改革の基本的目的はサービス提供事業を商業的、消費者的志向に向けさせることである。全体のあり方が権利としての無料公共サービスからサービスの消費者的享受に変わるということである(原注12)」

水利権の崩壊は今やグローバル現象である。一九九〇年代初めから野心的な世界銀行主導の民営化計画がアルゼンチン、チリ、メキシコ、マレーシア、ナイジェリアで持ち上がった。世界銀行はまたインドに水制度の民営化を持ち込んできた。チリでは、世界銀行がフランス企業、スエズ・リヨネーズ・デゾーに三三%の利益マージンを保証する融資条件を押し付けた(原注13)。

水の私有化は人々の民主的な水の権利を侵すだけではなく、地方自治体などで水道や衛生部門で働く人たちの生活権や雇用の権利を侵す。世界の公的制度下では蛇口一千戸当たり五～十人の人間が雇用されている。しかるに、民間企業では蛇口一千戸当たり二～三人の雇用にすぎない。(原注14)インドの大部分の都市では自治体の雇用者は水道や衛生部門の民営化に抵抗している。

民営化論争は大きく公益事業の能力の貧しさに根拠をおいてきた。公務員は過剰で、それが公営水道局の生産性の低さの一因とされている。(原注15)公益事業の能力の貧しさは、しばしばその実施義務意識の欠如に因るということはまず考慮されることがない。ひるがえって、民間企業がより実施義務意識を持っているという証拠も無い。実際には、その反対である場合が多い。私有化の歴史に確たる成功の記録は残されていないし、逆にリスクと失敗の記録はある。私企業は、しばしば操業規準に違反するし、あまり成果のないコストダウンをする。アルゼンチンでは世界銀行の融資による水民営化プロジェクトを入札するため、代表的フランス企業二社、リヨネーズ・デゾーとコンパニー・ジェネラル・デゾー、イギリス企業二社、テームズ・ウォーター、ノース・ウエスト・ウォーター、スペイン企業のカナル・イサベル・セグンドがコンソーシアム（合弁企業）を形成した。ブエノスアイレスの公益事業体、オブラス・サニタリアス・デラ・ナシオンの従業員は一九九三年に七千六百人から四千人に削減された。三千六百人の首切りは最も高い成果の印と喧伝された。しかし、水事業の人員は削減したが、水道料金は逆に高くなった。初年度、水道料金は前年度より一三・五％も値上がりしたのである。(原注16)

チリにおいてはスエズ・リヨネーズ・デゾーは利益三五％に固執した。(原注17)カサブランカでは消費者の水道料金が三倍に値上がりした。英国では上下水道料金は一九八九年から一九九〇年の間と一九九四年から一九九五年の間に六七％上昇した。断水の発生率は一七七％まで上った。ニュージーランドでは市民が水の商業化に抗議して街頭デモを行なった。南アフリカ、ヨハネスブルグの水道供給はスエズ・リヨネーズ・デゾーが奪った。水はすぐに安全なものでなくなり、受給困難になり、高価なものに変わった。数千人の水道が止まりコレラの感染が流行した。(原注18)

世界中の地域住民が背を向けているにもかかわらず、水民営化への勢いは衰えない。膨大な負債を抱えて、世界の国々は水の民営化を余儀なくされている。世界銀行とＩＭＦが借款の条件の一つとして水の規制解除を要求するのは常識になっている。二〇〇〇年に国際金融公社を通してIMFから支払われた借款四十件のうちの十二件に、部分的または全面的な水利事業の民営化が要求され、「フルコスト回復」を刺激し、補助金を排除する政策が執拗に求められた。借款条件を満たすため、アフリカ諸国政府は水民営化への圧力に次第に屈服している。例えばガーナでは、世界銀行とIMFの政策が水の市場販売価格を強制したため、貧困者層は収入の五〇%を水の購入に充てなくてはならない。(原注19)

WTOとGATS——水の輸出

関税および貿易に関する一般協定(ガット)は戦後の世界経済を運営するため世界銀行とIMFによって作られた。一九四四年のブレトン・ウッズ協定でこれらの機関と機構が形を成した。ガットは一九四八年に国際貿易機構となることを目指したが、アメリカ合衆国は貿易規制が南半球諸国に有利であるとし、その動きを阻止した。(原注20) そこでガットは、ウルグアイ・ラウンドで交された協定を基本にWTOが設立された一九九五年まで一協定にとどまっていた。

一九九三年以前はガットは国境を越える貿易品目だけを対象としていた。一九八六年から一九九三年まで協議を重ねたウルグアイ・ラウンドは、品目と国際貿易の規制を追加することにより、貿易の範囲とガットの権限を拡大した。新しい規制は知的所有権、農業、投資に導入された。サービスはサービス貿易一般協定（ＧＡＴＳ）を通した貿易対象に指定された。一九九五年にＷＴＯが設立された時、その舞台は内政干渉をして公共の資源を乗っ取る無軌道なパワーのために整えられた。

世界銀行が構造的調整計画を通して水の私有化を推進し、ＷＴＯがＧＡＴＳに組み込まれた自由貿易規制を使って水の私有化を形づくる。ＧＡＴＳは、水、食糧、環境、健康、教育、研究、通信、輸送などのサービスの自由貿易を推進する。ＷＴＯは、自由を口実に、徐々に貿易の自由化を進め諸部門の規制を解除するために、「底上げ」条約機構としてＧＡＴＳを謳っている。だが実際には、ＧＡＴＳは相手国内における民主的手続きに対して何ら敬意も責任も抱いていない条約なのだ。多くの場合、各国政府はＷＴＯとの交渉において文化的問題や資源問題を持ち出す自由などない。

ＧＡＴＳは政府による制限事項を回避するだけでなく、自由市場への参入を阻害する国内政策をとる国を当該企業に訴えさせもする。例えば、一九九六年にインドは、部族社会地域の共同体を文化、資源、紛争解決の問題における最も権威ある形態と認めるパンチャヤッツ条例の付帯条項を通過させた。(原注21) インドの独立以来初めて、村落共同体(グラム・サバス)が共同体として法的認知を得た。村落共同体は、開発計画等の承認の是非を決定する権限を含め、いくつかの権限を保持した。グラム・サバスはまた土地を与える権限も付与された。

条例は人々に対して故郷の自然の資源との昔からの関わりに敬意を表して、伝統と文化的アイデンティティを認めるものであった。条例はこう定めている。「パンチャヤッツが制定するところのものは、共同体の資源に関する慣習法、社会的宗教的習慣、伝統的管理習慣と調和する(原注22)」。共同体資源の支配権を有することが経済的な要請だけでなく、文化的アイデンティティの礎として重要であると認識されたのである。「どのグラム・サバスも、人々の伝統と習慣、文化的アイデンティティ、共同体資源、紛争解決の習慣的方法を防御し保護する権利を有する」のである。(原注23)

WTOはインド憲法のような苦労して勝ち取った成果を無視し、はたまた覆そうとまでする。GATSは、様々な国や社会が求めている民主的な地方分権化を逆転させる道具なのだ。ＧＡＴＳは中央、地方、地域の政府、また非政府諸団体がとってきた施策や対策に闘いを挑んでくるものである。そのルールはＮＧＯ、地方政府、中央政府のいずれも考慮に入れていない、完全に企業だけが作り上げたものだ。

ＷＴＯとＧＡＴＳ——事実と虚構

二〇〇一年三月、ＷＴＯは「ＧＡＴＳ——事実と虚構」というタイトルの記者会見を行ない、ＧＡＴＳの擁護に立った。ＷＴＯはそこで、ＧＡＴＳは「政府の施策としての公益サービス事業」に限定しているので、何ら水、健康、教育等の権利の侵害には当たらない、と主張した。ＷＴＯはさらに、ＧＡＴＳは各国に対し、公益サービス事業の規制緩和や市場開放を強制するものではなく、各国が外国投資家に対する規制を強化するのは自由である、と述べた。

ＷＴＯの主張を綿密に検討してみると、異なる正反対の事実が見えてくる。ＧＡＴＳは「政府の施策としての公益サービス事業」だから問題はない、と言おうとするが、こうしたサービス事業は同時に「商業ベースであってはならないし、複数の業者間で競争してもならない」と定められている。「商業ベース」の言葉そのものが明確に定義されていない以上、税金や科料を課する政府は商業活動に加わっているとも解釈できるし、主要公益サービス事業が自由貿易の領域に引きずりこまれてしまう。さらに、ほとんどの社会にも複数のサービス業体がある以上、政府は複数の業者間で競争させていると追及される。

ＧＡＴＳの「国内条約」ルールは、たとえ国内業者が非営利団体で外国業者が巨大水利企業であっても、政府が外国と国内のサービス業者を差別するのを禁止している。この規則はまた政府が外国企業に対し市民を雇用、研修させ、国内の人間を営業、経営に参画させるよう要求することを禁じている。そしてこれらの外国企業は地元の産業への技術移転を強制されることもない。「市場アクセス」ルールは政府がサービス業者の数、サービスの契約高、資産高、サービス実施量、サービス生産量などに制限を設けることを禁止している。

水利サービス事業は常にＧＡＴＳの計画上にあったことである。例えば、「環境サービス」には現在、下水、産業廃棄物処理、公衆衛生、廃ガス処理、自然保護まで含まれる。環境産業とこれらのサービスの中心はもちろん水である。この分野における水の中心的役割は

ＷＴＯだけでなく欧州連合政府である欧州委員会にとっても関心のあるところであった。二〇〇〇年、欧州連合は、環境サービス産業が二千八百億ドルに達し、二〇一〇年には六千八百億ドルに到達するだろうと報告し、この部門を医薬品産業、ＩＴ産業とほぼ同じランクに位置付けている。

欧州連合は「水利サービス」の範疇を「取水、浄水、配水」まで拡大した。(原注24) そしてもちろん、アライアンス・フォー・デモクラシー（民主連合）(訳注5) のルース・カプランが指摘するように「取水は水域からの引き込み、地下水、帯水層からの抽水も含まれる」(原注25)。欧州連合の提案は従って、水資源に対する共同体の権利の問題に大きなインパクトを与えるものである。二〇〇一年十一月のＷＴＯドーハ会議の閣僚声明の中にアメリカはうまく水の貿易を潜り込ませている。声明の貿易と環境の項目には「環境的品目とサービスに対する関税の引き下げ、および非関税障壁の適宜撤廃」(原注26) とある。つまりこれは、水の自由貿易のことである。

新しい協定、古い計画

ＷＴＯはＧＡＴＳのことを「投資における初めての多国間協定」と形容した。多国間投資協定（MAI）が世界的抵抗に遭って潰されたにもかかわらず、計画はGATSによって蘇った。同様の自由貿易協定が北米自由貿易協定（NAFTA）である。NAFTAの下で、アメリカの廃棄物処理会社メタルクラッドは訴訟でメキシコ政府から千七百万ドルを巻上げた。メキシコ中部サン・ルイス・ポトス州にあるメタルクラッドの有害化学物質廃棄処理施設が環境上安全ではないという地方の現場担当官の判断で閉鎖された。都合の悪い事に、NAFTAは企業に対して、もしある国が企業の将来的収益を「取り上げる」ような法的規制を適用した場合、当該政府に損害賠償を求める権利を認めている。メタルクラッドはこの規定を盾にメキシコ政府を訴え最終的に勝訴した。メタルクラッドの施設に対する地域の強い反対は意味をなさなかった。(原注27)

NAFTAとGATSのような貿易協定によって与えられた企業の貿易権は企業が水を所有し支配しようとする場合にも適用される。NAFTAは明確に「天然水、人工水および炭酸水」を貿易品目に指定している。そしてもちろんのこと、一九九三年にアメリカ合衆国通商代表部代表ミッキー・カンターが指摘したように、「水が商品として売られた時、貿易品目を規定するすべての協定条項に水が適用される」(原注28)のである。

一九九八年、アメリカの会社、サン・ベルト・ウォーターがカナダ政府に百億ドルの賠償を請求した。一九九一年にブリティッシュ・コロンビア州政府が水のバルク輸出を禁止したことで会社がカナダからカリフォルニアへの水輸出契約を無効にされた、(原注29)というのがその理由であった。同社は、ブリティッシュ・コロンビア州の輸出禁止措置がNAFTAの認める投資権の保護規定に違反した、と訴えた。この訴訟はまだ審議中である。どの水準の政府も、地方、地域を含め、今までそれについて話し合ったことも合意したこともない規則に従うことを強制されているのだ。政策決定は今や地方または国家の政府の手から離れ、巨大な多国籍企業の手の中に握られている。サン・ベルト社のCEO、ジャック・リンゼーは言う。「NAFTAのお陰で今やわが社はカナダの水行政の浮沈を握っている(原注30)」と。

水の巨人

増大する水不足と需要のなかで際限無く広がるマーケットを見据えているグローバル企業にとって、水はビッグ・ビジネスとなった。水産業の代表選手ビッグ二がフランスのヴィヴェンディ・エンバイロンメント社とスエズ・リヨネーズ・デゾー社である。この二社が支配する帝国は世界百二十カ国に及ぶ。ヴィヴェンディは総売上高百七十一億ドルを誇る水の巨人である。スエズ社の一九九六年の総売上高は五十一億ドルであった。(原注31) ヴィヴェンディ・エンバイロンメント社は、テレビ、映画、広告、音楽、インターネット、電話を扱うグローバル情報メディア・コングロマリット、ヴィヴェンディ・ユニバーサルの子会社である。

ヴィヴェンディ・エンバイロンメント社は水、産業廃棄物、エネルギー、物流を扱っている。二〇〇〇年、ヴィヴェンディ・エンバイロンメント社は四千三百万ユーロのスイス、ベルンの排水処理事業計画の受注契約を得た。ヴィヴェンディ社はチェコ共和国に五〇%ずつの合弁会社CTSEも所有している。同社の総売上高は二億ユーロが見込まれている。ヴィヴェンディの支社、オニックスはウエースト・マネージメント社を保有する。ヴィヴェンディは香港、ブラジルなど数カ国で廃棄物処理事業を行なっている。

その他の「水の巨人」には、ラテン・アメリカを牛耳るスペインのアグアス・デ・バルセローナ社、英国にはテームズ・ウォーター社、バイウォーター社、ユナイテッド・ユーティリティー社がある。バイウォーター社は一九六八年に創立され、上下水の両方を扱ったことからバイ（二つの意）の社名がついた。テームズ社は水関連のベンチャー事業を行なう電気会社ＲＷＥの子会社である。

バイウォーターとテームズはアジア、南アフリカ、南アメリカで事業展開している。一九四〇年代、バイウォーターはメキシコとフィリピンに進出した。一九七〇年代にはインドネシア、香港、イラク、ケニア、マラウィで契約を獲得する。一九九二年、バイウォーター帝国はマレーシア、ドイツ、ポーランドへと拡大した。二〇〇〇年、同社はオランダの会社とジョイントベンチャーを組み、新たにカスカル社を設立。カスカルは英国、チリ、フィリピン、カザフスタン、メキシコ、南アフリカの諸国と契約を結んでいる。（原注32）地球の水の占領者はまだいる。ジェネラル・エレクトリック社（ＧＥ）である。ＧＥは世界銀行とともに世界の水とエネルギーを私有化する投資基金を作るために動いている。

水の公益事業の私有化が水を全面的に私有化するための第一歩である。アメリカの水供給と処理に関する水市場の規模は九百億ドルと推定され、世界最大、そこにあのヴィヴェンディが多大な投資を行ない、支配下に収めようとしている。一九九九年三月、同社はアメリカのろ過器会社を六十億ドル以上出して買収、北米最大の水利企業になった。ヴィヴェンディの目標純利益は百二十億ドルである。(原注33)

ひとたび水の巨人が登場すると水の価格は上がる。フィリピンのシビック湾地域でバイウォーターは水の値段を四倍に上げた。(原注34) フランスでは利用者負担が一・五倍になったのに水質は低下した。フランス政府の報告によると、五百二十万人以上が「未殺菌使用不可」の水を飲まされていた。(原注35) イギリスでは、水道料金が四・五倍に高騰し、水道会社の利益が六・九二倍に上がり、CEOの給与たるや何と七・〇八倍にまで上がった。(原注36) 断水の発生は五割に上った。(原注37) そんな中で、赤痢患者が六倍にも上り、英国医療協会は水道事業の民営化が公衆衛生に害を及ぼした元凶であると断罪した。(原注38)

一九九八年、スエズ・リヨネーズ・デゾー社が扱うようになってすぐシドニーの水が、ギアルディア・クリプトス・ポリディウム(訳注6)(原注39)に高いレベルで汚染された。オンタリオ州のウォーカートンのA&L研究所が独占で水質検査を行なった後、赤ん坊を含む七人が大腸炎で死亡した。(原注40) 会社は検査結果を「機密の知的所有権」として公表を拒否した。これはインドでユニオン・カーバイド社が数千人の死者を出しながらボパール工場から漏れた化学物質の情報を公表しなかったのと同じである。(原注41) アルゼンチンではスエズ・リヨネーズ・デゾー社の支社が国営の水道会社オブラス・サニタリアス・デラ・ナシオンを買収した時も水道料金は二倍に上がったが水質は下がった。住民に水道料金の支払いを拒否され、会社は国外退去せざるを得なかった。(原注42)

大いなる渇き

メキシコの穀物畑地帯では飲料水はあまりにも不足しており、赤ん坊や子供は水の代わりにコカコーラやペプシを飲んでいる。(原注43) コカコーラ製品は世界百九十五カ国で売られ百六十億ドルの収益を上げている。水不足は明らかに企業利益の源である。ある年の年次報告でコカコーラ社はこう宣言している。

「コカコーラ・ファミリーの私たちはみんな朝目を覚ました時から、今日も世界五十六億人が一人残らず喉を渇かすものと分かっている。五十六億人がコカコーラなしで生きることを不可能にしてしまえば、私たちはこれから何年も安心して暮らしていけるだろう。これ以外、他に何の選択肢もないのである」(原注44)

コカコーラのような会社は水こそが真に渇きを癒すことを充分に知っており、瓶詰め水ビジネスに参入しようとしている。コカコーラは海外向けブランドのボン・アクワ（ダサーニはアメリカ国内ヴァージョン）の発売を開始、ペプシはアクワフィーナを発売した。インドではコカコーラ系列の瓶詰め水会社はキンレーと名乗っている。コカコーラとペプシに加えて、ペリエ、エヴィアン、ナヤ、ポーランド・スプリング、クリアリー・カナダ、ピュアリー・アラスカンなどの有名ブランドがいくつかある。

一九九九年三月、百三種の瓶詰め水を検査した自然資源保護審議会は瓶詰め水が水道水より安全なことは全くないことを発見した。(原注45) ブランド品の三分の一にヒ素と大腸菌が検出され、四分の一はただの水道水であった。インドでは、アーマダバードに本部がある消費者教育調査センターが有名十三商品中わずか三商品だけが瓶の製品表示に合致していた。(原注46) いくつかは一〇〇％無菌を謳っていたが、無菌の水は皆無であった。このような嘘の、また誤解を生む広告がインド政府をして粗悪食品防止法を改正して対象に水も加えさせることになった。現在では自然の水源から採取され詰められたミネラルウォーターと処理飲料水とは区別されている。(原注47)

瓶詰め水が生み出したのは値上がりと安全でない水である。ゴミ汚染は瓶詰め水産業の最大の環境コストである。一九七〇年代、三億ガロンの瓶詰め水が再生不可能のプラスチック容器に入れられて売られた。一九九八年になると、この数字は六十億ガロンを越えてしまった。インドでは瓶詰め水業界第一位のパーリー・ビスレリがシェアの六割を占めている。売り上げは八十三万五千ドルに上り、二〇〇二年には二億八百万ドルの収益を目指している。

パーリー・ビスレリの会長ラメシュ・チャウハン（通称ウォーター・バロン＝水長者）の計画は大きい。「ビスレリはメガ・ブランドにならねばならない。今はまだバッカ（赤ちゃん）だ。二、三年以内にビスレリは両コーラ会社を超えねばならない。（原注48）瓶詰め水市場は三年以内に炭酸水市場を追い越す」とチャウハンは予告する。現在、瓶詰め水は清涼飲料水産業の一四％を占める。ビスレリは水一リットルを二十セント、五リットルを五十二セントで売る。チャウハンは低価格を維持してコークとペプシを追い越そうとしている。（原注49）

ビスレリ、ペプシ、コークだけがインドの瓶詰め水マーケットの主役ではない。ブリタニア・インダストリーズとネスレもそれぞれペリエ、サン・ペルグリーノ、またプライス・ライフといった商品を出している。ブリタニアはエヴィアンを、一リットル二ドルという一時間当たり最低賃金の二倍に近い価格で売り出している。エヴィアンは「ライフスタイルとフィットネスのための新時代飲料」というキャッチフレーズで販売促進されている。(原注50) 五百以上のインドの金持ち家庭が毎月二〇ドルから二〇九ドルをエヴィアンの消費に当てている。オーストラリアの会社、オースウォーター・ピュリフィケーションは自社ブランドのオースウォーターを売り出し、トルプティ、ガンガ、オアシス、デュードロップ、ミンスコット、フロリダ、アクアクール、ヒマラヤンなどのインドの中小会社も市場に参加してきた。これらの中小企業は市場シェアの一七%を占めている。

グローバル企業は、環境汚染によって生じた需要以外の何ものでもない、きれいな水の需要を完璧に利用している。これらの企業は工業化されておらず汚染されていない地域から浄水を汲み上げているにもかかわらず、その瓶詰め行為を指して「製造」と呼ぶ。ネスレはハルヤナのサマルカに工場を持っている。一九九九年、ペプシはアクアフィーナの瓶詰め工場をマハラシュトラのローハでスタートさせ、コージ、バズプール、コルカタ、バンガロールに新工場を準備中である。コカコーラはデリー、ムンバイ、バンガロールでキンレーのボトリングをしている。インドの瓶詰め水市場は一億四百四十万ドルと推定され、毎年五〇から七〇%の成長を続けている。(原注51) いいかえれば、瓶詰め水の生産は二年毎に倍になるものと考えられるのである。一九九二年から二〇〇〇年の間に、販売量は九千五百万リットルから九億三千二百万リットルに増加した。

インドの水市場の拡大のスピードが早ければ早いほど、渇いた人々に水を施してきた伝統的習慣が消えて行く。数千年にわたって水は賜（たまもの）として道端や寺や市場のピヤオスで施されてきた。ガーダスやスライスという土瓶に入れた水は夏でも冷やされ、人々は手のひらで水を受けて渇きを癒した。土瓶はプラスチックの瓶に、施しの経済生活は水売買の経済生活にとって代わられつつある。人々が渇きを癒す権利は、富める者が独占する権利になってしまった。インドの首相さえこの不幸を嘆いている。「エリートが炭酸水をがぶ飲みし、貧しい者は手のひら一杯の泥水で生きねばならない」(原注52)。

ケララ州では、金持ちへの水供給制限が地元の団体によるコカコーラのボイコット・キャンペーンにまで発展した。一部は抗議行動として、一部は代替市場として、ココナツ生産地ケララ（ケララはマラヤラム語でココナツの意）の住民は「グッバイ・コーラ、ウエルカム・テンダー・ココナツ（さよならコーラ、ようこそおいしいココナツ）(原注53)」のスローガンを採択した。私はケララを訪れた時、このスローガンに出会った。WTOの規制でこの大豆とヤシ油の産地は打撃を受け、ココナツの価格がかなり下がった。さらなるグローバル攻撃に抵抗するため、この地域の安くて豊富なココナツは理想的であった。

企業対市民――ボリビアの水戦争

水に対する企業の貪欲さを示す最も有名な話は、おそらくボリビアのコチャバンバの物語ではなかろうか。この半砂漠地帯では水は貴重品である。一九九九年、世界銀行はコチャバンバの地方水道会社セルビシオ・ムニシパル・デル・アグワ・ポターブレ・イ・アルカンタリヤード（SEMAPA）にベクテル社の子会社インターナショナル・ウォーターへの譲渡を推薦した。(原注54)一九九九年、飲料水衛生法が通過し政府の撤退と民営化が決定した。

一カ月の最低賃金が百ドルに満たない町の水道料金が一カ月二十ドルになった。これは五人家族が二週間食べていける金額である。二〇〇〇年一月、コオルディナドーラ・デ・デフェンサ・デル・アグワ・イ・デラ・ビーダ（水と生活防衛連合）という市民連合が結成された。連合は大量動員をかけて四日間、町をロックアウトした。一カ月の内に数百万のボリビア人がコチャバンバに集まりゼネストを打ち、交通を全面的にストップした。(原注55) 集会が開かれ、世界の水利権の防衛を求めるコチャバンバ宣言が採択された。(原注56)

政府は価格の高騰を元に戻すと約束した。しかしそれは決して実行されなかった。二〇〇〇年二月、コオルディナドーラは飲料水衛生法の廃止と私有化を許す法令の廃棄、水利事業契約の終了、水源法の制定への市民参加を求める平和的デモ行進を組織した。企業利益の核心をぐさりと突いた市民の要求は暴力的にはねつけられた。コオルディナドーラの根本的批判は、共同体財産としての水の否定に対するものであった。彼らは「水は神の贈り物だ。商品ではない」「水は命だ」のスローガンを掲げていた。

二〇〇〇年四月、政府は水の抗議行動を戒厳令を使って沈黙させようとした。活動家が逮捕され、デモ隊は殺され、報道管制が敷かれた。しかし、ついに二〇〇〇年四月、市民が勝利した。アグワス・デル・トゥナリとベクテルはボリビアから撤退し、政府は忌み嫌われた水民営化法を撤回せざるをえなかった。水道会社SEMAPAは（負債とともに）労働者と市民に委譲された。(原注57) 二〇〇〇年夏、コオルディナドーラは民主的計画と経営を確立するため公聴会を開いた。人々は水の民主主義を確立するために立ち上がった。しかし水の独裁者たちは事態を逆転させるために全力を上げている。ベクテルはボリビアを訴え、ボリビア政府はコオルディナドーラの活動家にいやがらせをし脅迫している。(原注58)

企業と市場から水を奪還したボリビア市民は、民営化が不可避なものではなく、市民の民主主義的意志の力で、生命に必要な資源を企業買収から防げることを示したのである。

【訳注】

1 USAID：アメリカ合衆国が発展途上国に与える経済援助。第二次大戦後の疲弊したヨーロッパ諸国に与えた援助であるマーシャル・プラン、トルーマン大統領のポイントフォー計画が始まり。一九六一年にケネディ大統領が諸外国援助法に署名しUSAIDの実施を命令した。

2 国際金融公社（IFC）：発展途上国の貧困をなくし生活を向上させることを目的とした、世界銀行に属する金融機関で、民間企業にとっては世界最大の融資機関といえる。一九五六年に設立された。

3 TATA：八十社を越える系列企業を持つインド屈指のコングロマリット。水の「製造と販売、輸出」事業を主力とする「ユリイカ・フォーブス」、石炭・鉄鋼業の「フォーブス・ゴカック」そして多種のIT企業も抱えている。会長はラタン・タタ。

4 バルク買い：船荷という意味のbulkから、物品の大量購入を指す商業貿易用語。

5 アライアンス・フォー・デモクラシー（Alliance for Democracy）：一九九五年八月、アメリカで「ネーション」誌に掲載されたロニー・ダガーの「市民に告ぐ、真のポピュリストよ立て」の呼びかけに六千人が応え、二千五百人が参加して生まれた市民運動組織。国民の富と心を支配する銀行や企業のトラストに反対し、工場労働者、農業労働者が初めて結集し、生活協同組合を作り、教育活動を行ない、新聞や書籍を発行し、二万人の自立した意見の持ち主の集団へと成長した。現在では環境問題、人種差別、反ユダヤ主義などにも強い関わりをもって活動している。本部はマサチューセッツ州。

6　ギアルディア・クリプトス・ポリディウム（Giardia & Cryptos Poridium）：寄生虫の一種。有機物を含んだ地表の水中に発生し、その量で水中の黴菌の量が分かり汚染の程度が判断される。

Chapter Five
Food and Water

食物と水

Chapter Five

食物と水は我々が基本的に必要とするものである。水なくして食糧生産はできない。だからこそ、干ばつと渇水が食糧生産の低下と飢餓の発生につながっていく。伝統的に食糧生産の文化はそれを取りまく水の能力に呼応して進化してきた。少ない水で生きる作物が乾燥地域に出現し、水を必要とする作物は水の豊かな地域で進化した。

アジアの湿度の高い地域では稲作文化が進化し水田の灌漑が広がった。世界の乾燥地域、及び半乾燥地域では、小麦、大麦、トウモロコシ、モロコシ、キビなどが主食として現われた。高地では蕎麦のような擬似穀類が栄養源になった。エチオピア高原ではテフ（イネ科の穀草）が主食とされた。砂漠では牧畜が食糧経済の基本であった。しかし、モノカルチャー（単一栽培）が国内的、国際的、企業的レベルにおける生産方法として優先されるようになり、こうした多様な作物と農業形態は看過されている。

作物の水分効率は遺伝子に左右される。トウモロコシや蕎麦は水を効果的に生体物質に転換する。蕎麦は稲より少ない水で育ち、干ばつに強く、土壌の七五％が枯渇しても耐えられる。豆類は土壌により多くの水分を求める。緑の革命以降、一定の水に対してより高い栄養分を作り出す作物は下等植物と呼ばれ、水を濫費する作物に替えられた。水の生産性は無視され、焦点は労働の生産性に絞られた。替わりに植えられた作物は収穫量もさほどではなく、有機質も少なく、土壌の水分維持力を下げるものであった。

伝統的社会は干ばつの影響を考えて作物の品種改良を行なった。半乾燥熱帯用作物研究国際センター（ICRISAT）によるインド、ラジャスタンの砂漠地帯の農民が参加した品種改良実験で、農民は干ばつに強い在来種の多様な蕎麦を選んで栽培していることがわかった。農民はまた、藁、堆肥、糞などの形でより多くのバイオマスが得られることから多様な栽培を選択した。現代の工業的品種改良によって耐干ばつ性作物が作られた。(原注1)

工業的農業と水の危機

工業的農業は食糧生産に土壌の水分保持力を低下させ、水の需要を増加させる方法を使うよう仕向けた。食糧生産において水を制限のある要素として認識ができなかったことで、工業的農業は浪費を促進した。有機肥料から化学肥料への転換と、乾燥型作物から水消費型作物への転換が水飢饉、砂漠化、湛水、塩害を準備した。

干ばつは気候変動と土壌の水分の減少で深刻化する。気候変動による干ばつ、気象干ばつとして知られる現象であるが、これは日照りと関係がある。（原注2）しかし普通に雨が降っても、土壌の保水力が崩壊すれば食糧生産は困窮する。乾燥地域では全面的に土壌の水分の回復は森林と農地に依存しており、有機物の追加だけが唯一の解決方法である。（原注3）土壌の乾燥は水分の保持に必要な有機成分が土壌から無くなったときに起こる。緑の革命の前までは、水の保護は従来の土着農業に固有の事柄であった。南インド、デカンでは水分の蒸発を抑えるために豆類と菜種の間にトウモロコシを植えていた。緑の革命が従来の土着農業を取り除き単一栽培を持ち込んだ。そこでは小さな種類の作物は背の高い作物にとって代わられ、有機肥料は化学肥料に変わり、雨水だけの農業から灌漑農業になった。結果として、土は生きた有機成分を失い、土壌乾燥が頻発するようになった。

干ばつになりやすい地域では生態学的に正しい農法のみが持続可能な食物を生産する道である。三エーカーのトウモロコシの水の消費量は一エーカーの稲の水の消費量と同じである。稲もモロコシも四千五百キロの収穫量がある。同じ量の水でトウモロコシは米の四・五倍の蛋白質、四倍のミネラル、七・五倍のカルシウム、五・六倍の鉄分、そして三倍の量の粒が実る。（原注4）水の節約を考慮に入れて農業が開発されてきたならば、キビなどは雑穀とか下等作物などと呼ばれることなどなかったであろう。

緑の革命の出現が第三世界の農業を小麦と米の生産に押しやった。新たに植えられた穀物はキビより多量の、そして在来種の小麦や稲の三倍の水を求めた。(原注5) 小麦と稲の導入はまた社会的、生態的コストを課した。水使用量の劇的な上昇は地域の水バランスの安定をゆるがした。大規模灌漑計画と水を大量消費する農業は自然の排水システムが処理できるよりも多くの水を与え、湛水、塩害、砂漠化を導き出した。湛水は地下水面が一・五メートルから二・一メートル沈下すると起こる。もし自然の排水速度より速く水が注ぎ込むと地下水面は上昇する。アメリカの灌漑農地の約二五％は塩害と湛水の被害を受けている。(原注6) インドでは一千万ヘクタールの水路式灌漑農地が湛水に遭い二千五百万ヘクタールが塩害の危機に瀕している。(原注7)

湛水が頻発すると、農民と国家との紛争が起きることが多い。クリシュナ流域のマラプラバ灌漑プロジェクトで湛水が起き、それが農民の反乱につながった。灌漑プロジェクトが導入される以前は半乾燥地ではアズキモロコシや豆類など乾燥型作物を栽培していた。急激な気候変動、集中灌漑、水消費型作物の棉花栽培がさらに問題を大きくした。保水力が非常に高い黒棉土(訳注1)への集中灌漑によって土地は急速に不毛化した。一方、灌漑が土地の生産性改良の手段とされていたマラプラバ地域では逆の結果を生んだ。(原注8)水道税の支払いを拒否した農民に警官隊が発砲した。(原注9)水路式灌漑がこの地域に導入され、二千三百六十四ヘクタールの土地に湛水と塩害は発生したのであった。

塩害は湛水と近い関係にある。耕作用地の塩分による害は乾燥地での集中灌漑による不可避な結果である。渇水地は大量の水に浸ったことの無い土を含んでいる。(原注10)このような土壌に水を注ぐと塩分が地表に出てくる。水分が蒸発して塩が残る。現在、世界の灌漑地の三分の一以上が塩害に見舞われている。(原注11)パンジャブの土地、推定七万ヘクタールが塩で傷み、貧弱な生産力しかなくなっている。(原注12)

雨水に頼っていた作物から、灌漑栽培による棉花のような現金作物への転換が農民に豊かさをもたらすものと期待されていた。だがそれは借金だけを生み出した。(原注13)農民は土地の改良、種と化学肥料、殺虫剤の購入のために銀行から借金した。農民が借りたローン総額は一九七四年の十万四千四百ドルから一九八〇年には一千百万ドル以上にまで増えている。農家は生産性の低い土地で喘ぎ、銀行は返済の請求書を送り付けてくる。同時に、灌漑事業当局は改良税(訳注2)として知られている水利開発税をかけた。アズキモロコシでは水税は一エーカー当たり三十八セントから六十三セントに、棉花では三十八セントから一ドル以上まで上がった。そして水を使っても使わなくても一エーカー当たり二十セントの固定税がかけられた。(原注14)

一九八〇年三月、農民はマラプラバ・ニラヴァリ・プラデシュ・リオタ・サンヴィヤ・サミティ(マラプラバ・イッティシルフ地区農民調整委員会)を結成、税金不払い運動を始めた。(原注15)その報復として政府当局は農民の子弟の就学に必要な証明書の発行を拒否した。一九八〇年六月、農民は地方役人の事務所前でハンガーストライキに入った。六月三十日、農民一万人がハンガーストライキ支援のために結集した。一週間後、ナヴァルグンドで大規模デモ行進が行なわれ、農民はまた新たなハンガーストライキに入った。

当局から何の正式回答も得られない農民は道路封鎖を組織した。およそ六千人がナヴァルグンドに結集したが、トラクターは傷つけられ、官憲はデモ隊に向かって投石した。同じ日、怒った農民は灌漑事務所を占拠、トラック一台と十五台のジープに放火した。警官隊が発砲、現場で少年が一人殺された。ナラグンドの町でも警官隊が一万人のデモ隊に発砲、青年が一人撃たれた。デモ隊は上級警官と巡査を捕えて殴打、死に至らしめた。抗議行動はまたたく間にガタプラバ、トゥンガバドラ、そしてカルナタカの他の地域に広がった。数千人が逮捕され、四十人が死んだ。最終的に、政府は水道税と改良税の徴収猶予の命令を出した。(原注16)

持続不可能な農業——水の浪費と破壊

アラル海は世界で四番目に大きい淡水湖であるが、持続不可能な農業活動によって破壊されている。湖を補給してきた川の水が七百五十万ヘクタールの棉花、果物、野菜、米の農地の灌漑用にますます多く利用されるようになった。(原注17) この数十年間に、湖水は三分の二に減り、塩害は六倍になり、水位は二十メートルも下がった。一九七四年から一九八六年の間にシル・ダルヤ川はついにアラル海に到達することがなかった。一九七四年から一九八九年の間、アヌ・ダルヤ川は五度にわたって湖の近くまで行ったが、やはり湖水に到達できなかった。これらの川の水は、そのかわり、八百キロ彼方のイラン国境に近いカラクム灌漑用水路に注ぎ込んでいる。

一九九〇年、経済学者ワシーリー・セリューニン(訳注3)はアラル海について次のように語っている。「問題の根は灌漑にある。その規模はあまりにも大きく地表の腐植土のほとんどすべてを洗い去ってしまった。そのロスは衝撃的な量の肥料に匹敵する。結果として、大地は麻薬患者のようになり、もう病院にでも送るしかなくなった」。漁港は今では水際から四十キロから五十キロも離れてしまい、漁獲高は年間二万五千トンからゼロになった。近隣の都市、カザフスタンのアラルスク市人口の半分が他所に移住した。悲しいかな、ウズベク人の詩人、モハメド・サリクが指摘するごとく、「アラルは涙で満たすことはできない」(原注18)のである。

工業的農業は海や川を損なうだけではなく、地下の帯水層にも有害である。オガララ地下水層はテキサスの大草原の農地を潤している。毎年、五百万から八百万エーカー・フィートの水がオガララから汲み出される。(原注19)もしこの割合で水が減り続ければ、この地域は耐乾性作物の乾燥地型農業に転換するか、農業を全面的に放棄するかの選択肢しかなくなる。持続可能な農業の立場をとるならば前者を薦めるだろう。水ビジネスの立場なら後者だ。

第三世界では、化石燃料採掘技術が水資源を破壊させた。緑の革命が広めた動力による地下水採取は馬を使うよりも効率的であると考えられた。一エーカーの小麦畑を潤すのには、七・五キロの電動モーター付き灌漑ポンプと人間一人を使えば五時間ですむが、対照的にペルシャ式水車を使えば、牛で六十時間、人間でも六十時間かかる。(原注20) しかし、取水と地下水の補給とが矛盾する事柄かどうかは、効率計算の上では何の考慮もされなかった。優秀な農地をわずか二十年にも満たない期間に次々と干からびた土地にしてしまった動力ポンプが、何世紀にもわたって農業を持続させてきたペルシャ式風車のような伝統的方法より効果的だと考えられてきたのである。

農業排水の浪費問題の解決案の多くは食糧生産用の水までまとめて否定する。海老の養殖が問題のケースである。産業養殖がもたらす明瞭かつ重要なインパクトとは土地と水の塩害、そして飲料水の枯渇である。以前は肥沃で生産性のあった水田が、現地の人間いわく、墓場と化してしまう。これはインドだけの話ではない。バングラデッシュは広汎に海老を養殖しており、米の生産高はかなり減少した。一九七六年には四万メートル/トンの米を産出したが一九八六年の生産高は三十六メートル/トンにまで急落した。(原注21) タイの農民も同様の減産を訴えている。毎年三百袋あった米の収穫が海老の養殖が始まってからは百

五十袋に減ったという。（原注22）

海老養殖産業の急増で特に被害を被っているのが女性である。土地が貴重な財産に変わり、小さな土地をめぐって頻繁に争いが起きるようになった。インド、プドゥクッパムの女性たちは飲み水を得るため一キロから二キロの道を歩いて往復しなければならない。井戸は社会的緊張の原因になった。（原注23）インド、クルの村は塩害のため六百人の村民の飲料水が無い。一九九四年、村の女性たちが抗議した結果、給水車が来るようになり、村に支給される一世帯一日当たり二瓶の水で飲料、洗濯、掃除を賄っている。この年、海辺の村の女性がこう私に言った。「夫たちは漁の後、体を洗うのにバケツ十杯の水が必要です。瓶二杯の水で何ができるというのでしょうか？」。

海老養殖場による環境破壊の結果、女性たちは毎日、燃料と水を得るため五時間から六時間余計に働かねばならない。アンドラ・プラデシュでは二年間にわたって政府が二十キロの距離を給水車で補給したが、ついに五百世帯が移住を決めた。再定住も不可能な地域があり、住民は仕方なく作物にも日常生活にも塩分を含んだ水を使用している。（原注24）

アメリカ合衆国は農業排水の最もドラマティックな例である。西部の州では灌漑が水の消費の九〇％を占める。灌漑農地は一八九〇年の四百万エーカーから一九七七年には六千万エーカーにまで増加し、そのうちの五千万エーカーは西部の乾燥地帯に集中している。(原注25)この地域はまた、河川に棄てられ灌漑用水の排水の塩分によって土壌が塩化している。ニューメキシコ州、ペコス川の三〇マイルの範囲での塩分含有量は一リットル当たり七六〇から二〇二〇ミリグラムに増加した。(原注26)テキサスではリオグランデ川のそれは、七五マイルの範囲で八七〇から四〇〇〇ミリグラムになった。(原注27)灌漑排水はコロラド川に毎年五〇万から七〇万トンの塩分を流し込む。塩分による収穫の減少は年間一億一千三百万ドルと推定される。カリフォルニア州、サン・ホアキン・バレーの穀物収穫高は一九七〇年以来一〇％減少し、(原注28)年間三億一千二百万ドルの損失と見込まれている。(原注29)

産業的農業が引き起こす問題は渇水だけではない。インド、ベンガルでは管井用の深層掘削がヒ素汚染の原因になることが分かった。西ベンガルで二十万人以上がヒ素中毒で死亡し、または重症身障者となった。バングラデッシュでも七千万人がヒ素中毒になった。(原注30)バングラデッシュの六十四地方中四十三地方の水の平均ヒ素含有量は一リットル当たり〇・〇五ミリグラムで、他の二十地方では平均が〇・五ミリグラムを超えていた。最低許容含有量は〇・〇一ミリグラムである。(原注31) 一リットル当たり二ミリグラムに達するという報告も多くの村から出されている。これは許容量の二〇〇倍である。

遺伝子組み換え作物による水問題の解決、という神話

二〇〇一年、私はスイスのダヴォスで開催された世界経済フォーラム（WEF）に出席した。その水部会でネスレ社の代表が遺伝子技術が水濫費農業への解決策になる、と提起した。この代表は遺伝子技術によって少しの水しか必要としない耐乾性作物を創ることができる、と説いた。そのための障害となっているのは、遺伝子組み換え（GM）反対運動であり、それが多様な耐乾性GM作物の導入を妨害している、と主張した。

遺伝子組み換え技術が水危機を救うだろうという主張は二つの重要なポイントを覆い隠している。一つ目は、干ばつ多発地域の農民は数千種類もの耐乾性作物を交配してきており、それを緑の革命が結局は押しのけた、ということ。二つ目は、耐乾性とは複雑で多様な遺伝子構成が生む特性であり、遺伝子組み換え技術は目下のところ、この特性を持つ植物を創り出せてはいないこと、である。実際には、GM作物は農場においても研究室にお

いても農業の水危機を深刻化させているのが現実である。例えば、モンサントのラウンドアップ・レディ大豆のような耐除草剤作物は土壌破壊を引き起こしている。モンサントの除草性ラウンドアップ大豆が他の作物を枯らしてしまえば、これまで大豆やトウモロコシの葉が保護していた土が熱帯の日差しと雨に曝されてしまう。

同様に、大々的に宣伝しているビタミンAたっぷりのゴールデンライスも農業における水の濫用を増加させている。ゴールデンライスは米百グラムにつきビタミンAを三十マイクログラム含んでいる。一方、アマランス、(訳注4)コリアンダー(訳注5)などはゴールデンライスに必要な何分の一かの水で五〇〇倍のビタミンAを含む緑黄色野菜である。水の使用について言えば、遺伝子組み換えの稲は子供の失明を予防するのに必要な量の一五〇〇分の一のビタミンAしか含まない。ゴールデンライスの謳い文句は私に言わせれば「失明予防への盲目的アプローチ」である。

ＧＭ作物を使った水問題の解決の神話は、貧者に対する食糧と水の基本的権利の否定、というバイオテクノロジー産業の隠されたコストを覆い隠すものだ。先住民の交配の知恵に金をかけ、地域社会の諸権利を守ることが、すべての人に水と食物を確保せしめる、より公平で持続性のある方法である。

【訳注】

1　黒棉土：インドのデカン高原に分布する黒色の土で、炭酸塩を含むため小麦や綿花の栽培に適している。

2　改良税：徴税したのはカルナタカ州政府で、目的は開発資金の回収にあった。当初三ドルと査定された面積当たりの課税が不評で、農民は給水量に対する課税なら支払い能力はあった、といわれる。しかしそれは技術的に不可能だった。

3　ワシーリー・セリューニン：現代ソヴィエトの経済学者。食糧の大量徴発が飢餓の要因であった、とレーニン主義のソヴィエト経済を批判した。また世界市場の需要から導かれた農業経済計画が真に必要な生産計画を生まなかった、と国家計画経済の誤謬を指摘した。

4　アマランス：乾燥地から湿地まで幅広く生育する多年生草。南アメリカ原産であるがスペイン人のアステカ征服の後に激減した種。二十世紀になって中国、インド、アフリカ、ヨーロッパ、南北アメリカで栽培され繁殖してきた。薬用、食用に供され、たんぱく質を豊富に含み、小児の補助栄養食にも使われる。

5　コリアンダー：パセリ科の香草。南ヨーロッパ原産で、アラブ・パセリともいう。湿気を好まず肥沃な土も向かない。中華料理にも使われる「香菜」のこと。

Chapter Six
Converting Scarcity into Abundance

欠乏から潤沢への転換

Chapter Six

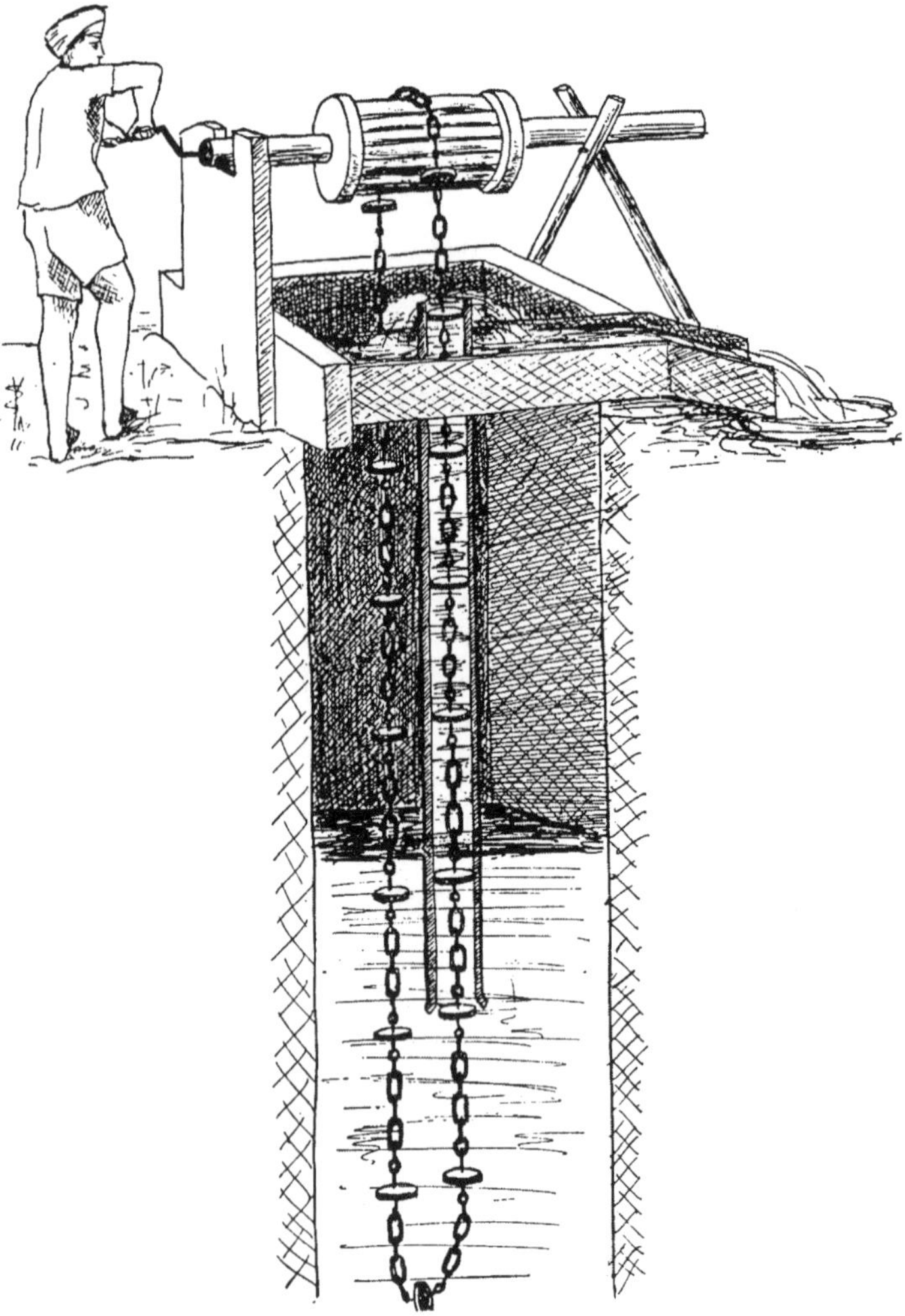

The two-bucket lift.

不足と豊穣は自然のなせる業ではなく、水文化の産物である。水を浪費し水循環の脆弱な仕組みを破壊する文化が、豊穣の環境下にありながらも水不足を作り出す。水の一滴一滴を大切にする者が不足から豊穣を創り出すことができる。先住民の知恵、そして地域社会は水の保全の技術においては抜きんでて優れている。古来からの水の技術が今日、再び支持を得つつある。

砂漠に花を咲かせる

パキスタン国境に面した西インドの砂漠の州、ラジャスタンは他の砂漠地帯と同じくきわめて降雨量が少なく、気温は非常に高い。しかし、他の砂漠地帯とは異なり、豊かな水に恵まれている。この地域の水利システムの復活を夢見るアヌパム・ミシュラはこう見ている。

「世界の砂漠と比較してみると、ラジャスタンの砂漠地帯は人口が多いということだけでなく、生命の香りが溢れているということに気がつく。事実、この地域は世界で最も生き生きとした砂漠と言われている。

そうあるのは地域社会のお陰である。ラジャスタンの人たちは、自然が彼らに与えた雨の少なさを嘆きはしない。逆に、彼らはそれを試練と受け止め、水の単純さと流動性という性質を頭のてっぺんからつま先まで全身で内在化し、水と向き合うことに決めたのである」(原注1)

雨水は一滴残さず溜めておかねばならないので、先住民の知恵は雨そのものと降雨のパターンを注意深く観察していた。雨の最初のしずくはハリと呼ぶ。雨はまたメガプースプ(雲の花の意)、ヴリスティ、ビルカーとも呼ぶ。雨のしずくはブラ、シカールと言う。クイン、クアン、クンディ、クンドゥ、タンカ、アアゴルなどは、ラジャスタンを世界で最も活気ある砂漠にした多様な雨水採集と水保全システムのことである。この地域では人間の創意と工夫を通して水不足が豊穣へと転換した。アヌパム・ミシュラが記しているように、「ラジャスタンの貴重な水の一滴一滴は汗に覆われている」。

ラジャスタンの伝統は水を手に入れようとする文化ではなく水を守ろうとする文化である。そして、ラジャスタンの古い歴史的文献のどこにも、この地のことを砂漠とか荒れ果てた土地とか呪われた土地などと形容した記述はみつからない。(原注2)

先住民の水管理

インドの様々な地域社会は二十五種類以上の灌漑用水と飲料水のシステムを作ってきた。エリ、クンタ、クラニ、アハルス、バンドゥ、バンダ、カーディンス、ブンディース、サイラタ、クティ、バンダーラス、ロウ・コングス、トドゥ、ドングス、タンカ、ジョハド、ナデ、ペタ、カシュト、パイトゥ、ビル、ジール、タラクス、などきりがない。今日、この古来のシステムが生態的に脆弱な地帯が生き残るための命綱になる。

南インドの貯水池システムは何世紀にもわたって使われている、最も長持ちする土着システムである。それは水のロスを防ぐべく連結させた数百個の貯水池網からなっている。植民者にとってこの洗練されたシステムは印象的なものであった。ミソール州にやってきた初期の技術者の一人、サンキー少佐はこう書いている。「この広い地域にこれより優れた貯水池を発見するのは容易ではないほど、貯水の原理が見事に応用されている(原注3)」。こうした貯水池は灌漑の中心的役割を果たし続けている。クリシュナ流域の南、ラヤルシーマ地方ではこの貯水池システムで六十二万エーカーを潤しているが、大小の灌漑プロジェクトは四十二万七千エーカー止まりである。アナンタプールでは川の水は砂のダムで分水されている。また運河もインド中で灌漑に使われている。パンタムスという石積みのダムが貯水用に使われている地域もある。

南ビハールではアハールとピネスが水田の灌漑に使われている。アハールは排水用水濠から取水し、ピネスは地域を北から南へ流れる川の水を取水する。この方式の有効性は注目に値する。一八〇〇年代に起きた二度の大干ばつでも、ガヤ地方はアハールとピネスが拡充していたお陰で切り抜けることができた。ビハール州でも、この方式を使っていなかった地域は飢饉に見舞われた。

英国植民地時代以前のインドでは、灌漑システムは村の様々な組織によって運営されていた。通常、組織の構成員には灌漑利用者も含まれていた。マハラシュトラなどの地域では灌漑システムは水委員会が管理運営し、それがダムを保全し、運河のしゅんせつを担当した。アンドラプラデシュではピナペダンダルーレあるいはペダンダルーレという管理制度が肉体労働を受け持つ青年たちによって広く運営されていた。肉体労働の少なかったクリシュナ地方では組織構成員の規則は弾力的で、しゅんせつ、運河掘削、保全作業などは所有する土地の大きさに応じて利用者に平等に振り分けられていた。分担すべき作業を怠

った者に対しては委員会が罰金を科した。(原注4)

南ビハールでも同様に、ゴアムと呼ぶ水利システムの土木建築、保全作業は集団運営されていた。共同体全体の水の分配は村が責任を負っていた。パラバンディという制度があり、この制度が共有の水源の水の村同士間の配分を調整した。大きな規模の作業が行なわれた場合には、担当した村の権利条項が正式に記録された。それ以外、規則はおおむね慣習に従い、揉め事は各地域のやり方で処理した。

英国の農業システムは灌漑に依存しておらず、インドにやってきた当初、イギリス人に水管理の知識は全くなかった。現代の灌漑計画の創案者であるアーサー・コットン(訳注1)でさえこのように述べている。

「インドの様々な地域に昔からの建造物がたくさんある。どれも見事な建造物で、堂々としておりかつ、技術的設計がなされている。数百年も持ちこたえてきたものだ。初めてインドにやって来た時、現地人たちが我々の物質的活用力の無さを軽蔑していたのには驚かされた。彼らは、我々のことを、戦うことに関しては優れた専門家であるが、彼らの偉大な先人たちにははるかに劣り、そのやり方を真似して、さらに展開させるどころか修理す

らできない、文明を持った野蛮人だと言っていた」(原注5)

一八二〇年にマドラス総督になったトーマス・マンロウも土着の水利システムの広汎な発展を認めていた。

「新しく貯水池を建設するのは、おそらく泥で詰まった貯水池を修理するのよりもはるかに希望の持てない試みである。貯水池を置くべき場所に先住民があえて設置してこなかったような余地はわずかしかない」(原注6)

しかし、イギリス人はインドの河川水を制御し始めた。ラジャスタンで彼らは塩の権益を最大限にし、輸送網を守り、農業収益を上げるために、水を管理した。河川を制御するため、植民者たちは河川に依存して生きていた人々を力と権限で追放した。

分権化された水の民主主義

一九五七年、ドイツの歴史学者でマルクス主義者のカール・ヴィットフォーゲル(訳注2)は名著『東洋の専制政治・絶対権力の比較研究』の中で、歴史的に水の管理が権力の中央集権化のために利用されてきた、水の力学が働く社会、なる思想を提起した。(原注7) ヴィットフォーゲルの理論の意味するところは、水を征服することは人々を征服することだ、というものである。カール・ヴィットフォーゲルは、先達カール・マルクスのごとく、地方分権化された灌漑制度は中央権力につながっており、河川を征服する個人はパワー・エリートになる、と仮定した。マルクスとヴィットフォーゲルが把握し損ねたのは、共同管理制度の官僚支配からの自由、であった。この西欧の科学者たちは、インドの灌漑システムが中央権力ではなく地方分権の管理に委ねられているということを見落としていた。

ヴィットフォーゲルのアジアの水制度の特徴づけにはその後も異論が出された。経済史学者ニルマル・セングプタは灌漑システムの広汎なネットワークは必ずしも大規模な計画によるものではない、と指摘した。(原注8) それは小規模プロジェクトが堅く結び付いた地域主導のネットワークたり得る。セングプタはまたこうした伝統的灌漑システムには流れが停滞するような傾向はなく、むしろその柔軟性が主たる特性であることを示した。(原注9) 作付けパターンは水の入手量に従って毎年変更された。地域管理の水源なので土地使用については容易に判断できた。一方、現代の灌漑は中央化された水管理と分配方式で行なわれる。近代式ダムを使う農業では水の獲得に合わせて作付けや灌漑の実施を変更するのは難しい。しかも、こうした大規模システムは人権を崩壊させ、生態系に深刻な被害を及ぼすのである。

地域の生態系の状態への無関心と無知が、英国支配下時代の多くの技術プロジェクトの失敗を招いた。一八六四年に起きたイングランド、シェフィールドのブラッドフィールド・ダムの決壊事故は英国の専門技術の結果であった。

「失敗したブラッドフィールド貯水湖のダムと、相当な年月にわたって多くの用途に役立ってきたインドのモデルとを比較すれば、どちらが正しく建設され、最大限の有効性と安全性を保証すべく真剣に取り組んだかはおのずとはっきりする(原注10)」

三十年の歳月を費やし、多大の犠牲を払ったカヴェリ川のグランド・アニカット（大灌漑ダム）再建を果たしたアーサー・コットン卿は、より効率的な先住民の方法に立ち戻った。コットンは書いている。

「深さの分からない砂土の緩い地盤にいかに基礎を固めるかを教えてくれたのはインド人であった。実際、彼らから学んだ事の価値は経済的成功と失敗との差そのものである。なぜならそもそも我が技術陣が従事した世界最大の経費をかけた土木技術工事であるマドラス川の灌漑が、ひとえにインド人に教えられてできたものだからである。この基礎工事の教訓のお陰で我々は橋を架け、堰、送水管などあらゆる水利設備ができた。我々は現地の技師に大きな借りを負っている」(原注11)

伝統的インドでは、古代の生態学的知恵と専門的技術と保護の文化の条件の下で、少量で時期の限られた降雨を利用した適切かつ持続的な水供給が生まれた。しかし、この持続可能な水利システムは即座に破壊されうる。自然の様式なるものが理解できない水のテクノロジーと水のパラダイムは水のリズムを乱し、水資源を減らし、奪い、台無しにしてしまう。

持続性のための人々の選択

水の民営化は政府と世界の経済機関の優先的なポリシーであるが、インド中の、そして世界中の多くの人々が水を守り、自分たちの資源の共同管理のために動き出している。NGOのグラム・ガウラヴ・プラティスタン(GGP)が始めたパニ・パンチャヤット運動は干ばつ多発地域における公平で生態的に持続可能な水利システムの創造を目指す大衆運動の一例である。

運動はマハラシュトラが過酷な干ばつに見舞われた一九七二年にスタートした。金になるかわりに水を大量消費する換金作物のさとうきびのために、水が人々と自然の元から離れてしまっていた。政府は飢餓の救済に焦点をあて、水資源の急激な開発を継続していたが、GGPの創立者ヴィカス・サルンケは、干ばつを切り抜ける最も効果的な手段としての厳格な水管理と土壌の保護の大切さを認識していた。

パニ・パンチャヤット運動は水の権利はすべての住民に帰すると信じていた。水は共同体の資源とされ、住民が受け取ることのできる水の量は所有する土地の広さではなく家族の構成員数によって決められた。日々の水の公平な分配を保証するためにふさわしいパトカリ（水分配人）が指名された。パンチャヤットのメンバーは彼らの水の用途を自由に決め、一方さとうきび栽培は資源を無責任に使うとされ、禁止された。一九八二年、ボンベイに移住していた繊維工場の労働者が故郷の村に戻った途端、干ばつと不作と水不足に見舞われ、その時同様の運動が動き出した。この間、政府には三十の村のさとうきび農園を灌漑する計画があった。

これに対して労働者はムクティ・サンガーシュという運動を起こし、五〇〇人の農民を動員して二千エーカーの土地に四カ月間、飼料作物を植え、もし政府が水を供給するならそれをタルクという行政区画全体で自由に使える、とした。村人はさとうきびのような水を濫費する換金作物の栽培に反対し、そのかわり食糧用作物の灌漑のための公平な水の分配を求めた。

一九八五年、一千人の農民がデモ行進して彼らの要求を強く訴えた。農民たちはこの年、干ばつ撲滅のための講演会も開催した。講演会で、マハラシュトラ州干ばつ救済撲滅委員会の委員長は、もしさとうきび栽培をやめたなら要求の九万ヘクタールの代わりに二十五万ヘクタールの土地が灌漑可能である、と主張した。しかし、さとう長者連中は、換金作物生産の水を分けることには強硬に反対した。ある政治家の発言がさとう長者たちの感情を代弁している。「我々はさとうきび畑の水を一滴たりとも譲らない。さもなくば血の運河が流れるであろう。さとうきびとさとう工場はマハラシュトラの栄光なのだ(原注12)」。

抵抗を重ねた農民たちは一九八九年にバラワディに結集し、人々の必要に応え、人々のための水資源を湛えた人々のためのダム、バリラジャ記念ダムを竣工した。大衆の参加が腐敗と浪費と遅延にストップをかけた。次のステップは社会的で集団的な管理を通した水の公平な分配の保証であった。この目標に向かって農民はさとうきび栽培をやめることに同意し、その代わりに土地の三割に各種の樹木を植えた。彼らはまた保護的灌漑を使って主食穀物の収穫を選択肢に選んだ。(原注13)

私は、一九八四年に干ばつに襲われたマハラシュトラ地方を訪れたことがある。乏しい雨と荒廃した農業の結果、人々は収入を得るために非合法の酒の密売に頼っていた。政府がマハラシュトラ流域の開発に七億三千百十万ドルも費やしたにもかかわらず、一万七千の村々に水がないことが分かった。またラレガオン・シンディの人々の運動が砂漠化と経済破綻にしか向けられていないことも分かった。その後、地域住民は小型ダムを使った取水システムを作り、今では年間十四万六千ドルから十八万八千ドル相当の作物を耕作している。酒の密売も消滅した。(原注14)

ラジャスタンのアルヴァール地方では水が毎年一メーターの割合で減少し、この地域は一九八五年から一九八六年の間に干ばつとなった。タルン・バーラト・サング(訳注3)の青年組織が大衆動員をかけ、伝統的な取水システム、ジョハッズ(訳注4)の再建に乗り出した。地域社会が二百二十万ドルを寄付し、五百の村に二千五百基の貯水槽を設置した。ジョハッズに貯蔵した水は村全体の需要に充てられた。村もどれだけの土地を灌漑し、どれだけの水を生活用水に充てるかを決めた。建設、メンテナンス、水利システムの利用に関する集団決定方式が紛争を未然に防止した。(原注15)

水の保護のための運動はインド全国に広がっている。一万三千の村に頼るべき水源がなく、地下水は塩水というグジャラトでは、水審議会の女性委員が取水システムの創設をリードしている。人々の水の保護への投資が地下水の涵養、河川の復活、作物の増産に役立っている。一九九四年、アルヴァリ川が五百基のジョハッズによる涵養効果で生き返った。同様に、一度は死滅したはずの川、ルパレルが一九九四年以来再び流れを取り戻し、今では二百五十の村々の主水源となっている。川に水を戻したのは二百五十基のジョハッズである。(原注16) 二〇〇一年にタルン・バラト・サングはその水の保護活動に対してマサガサイ賞を授与された。

グジャラトのスワディヤヤ運動は、個人、共同体、国などあらゆるレベルの組織体の自立発展を目的とした運動で、ニルマル・ニアースというろ過水槽、九百五十七基の建設を導いた。その結果、十万基近い井戸の涵養が実現した。スワディヤヤの村人はバークティというボランティア主義を大切にし、一〇〇％の貢献を信じる人たちである。二〇〇〇年の干ばつの際、スワディヤヤ村の水はなくならなかった。無料奉仕とバークティの信念を通して、村人は、水不足の資本優先、非地域的解決法に代わる方法を創りだしたのである。

スワディヤヤ、タルン・バーラト・サング、ムクティ・サンガーシュ、パニ・パンチャヤットのような先駆けが、水資源の民主的な管理からのみ水の持続性が生まれることを示している。共同体管理が生態系の破壊を回避し、社会対立を防ぐ。先住民の水の管理システムは古代の知恵に呼応し、公平な水の分配を保証する複雑なシステムにまで幾世紀もかけて進化してきた。

人間が作った水不足と、至るところで発生する水紛争は、水を共有資源と認識することで最小限に食い止めることができる。水の保護運動はまた、水危機の真の解決が人々のエネルギーと労働と時間と心づかいと団結の中にあることを示している。水の独占にとってかわるべき最も効果的な方法は水の民主主義である。多国籍企業が仕掛けてきた現在の水戦争は、水の民主主義を求める大きな運動によってのみ打ち負かすことができる。人々の運動が描いた青写真には、水不足から豊穣を創り出す可能性が写し出されている。

【訳注】

1　アーサー・コットン将軍：一八四七年から一八五二年にかけてドワリスワラムのゴドヴァリで十六万ヘクタールの広い地域に灌漑用水路を建設した英国軍人。一九八二年に新しく建設された堰き止めダムは「サー・アーサー・コットン・ダム」と名づけられた。

2　カール・ヴィットフォーゲル：ドイツ人歴史学者、中国学者。一八九六年生まれ。フランクフルト大学を卒業後、ドイツ共産党に入党、フランクフルト学派の一人として思想活動を行なった。ナチスの強制収容所に入れられたが生き延び、一九三九年アメリカに亡命、コロンビア大学、ワシントン大学で教鞭をとった。灌漑農業の運営と官僚的全体主義との関係の研究で知られている。著書に、複雑な国家と社会の人類学的根拠を分析した「*Oriental Despotism: A Comparative Study of Total Power*」がある。

3　タルン・バラット・サング（ＴＢＳ）：干ばつ地帯ラジャスタンで活動するＮＧＯ。彼らの水利改良活動によってこの地域の農業生産高は二倍に、森林も拡大した。

4　ジョハッズ：ラジャスタン州の灌漑で伝統的に使われてきた水槽。ＴＢＳがジョハッズを上流に設置してデリー地区を流れるヤムナ川、アルヴァリ川の流れを復活させた。

Chapter Seven
The Sacred Waters

聖なる水

Chapter Seven

「水は命の源である」

コーランより

「アポ　ヒ　スター　マヨブバス」（水は最も偉大な栄養なり、故に母のごとし）

タイッティリヤ・サムヒタ

聖なるガンジス

有史以来、水資源は神聖で、崇敬と畏敬に値するものである。蛇口と瓶が登場してからというもの、私たちは、水が水道管を流れてくる以前は、プラスチック・ボトルに入れられて消費者の手にわたる以前は、水が自然の贈り物であった、ということを忘れてしまった。

インドではすべての川は神聖である。川は神々の存在の延長であり部分的表現だと考えられている。リグヴェダ（バラモン教の聖典）の宇宙観によれば、地球上の生命の可能性そのものは、雨の神様インドラが撒く天国の水に結び付いている。インドラの敵ヴルトラは、混沌の悪魔であり、水を誰にも渡さず貯めこみ、創造を禁じた。インドラがヴルトラを退治して天国の水が地上に降り注ぎ、命が湧き出した。

ヒンズー教の神話はガンジスの起源を天においている。ガンジスを中心に催される大祭、クンブ・メラは創造を祝う祭である。ある伝説によれば、神と悪魔がサガール・マンタン(海の攪拌)で創ったアムリット(神々の飲み物)の満ちたクンブ(水差し)をめぐって戦っていた。インドラの息子ジャヤントがクンブを持って逃げ、悪魔は水差しを奪おうと十二日間続けて神と戦った。最後に神が勝ち、アムリットを飲み、不死身となった。

クンブをめぐる戦いの間、アムリットの五つの雫がアラハバード、ハリドヴァール、ナシク、ウッジャインの土地に落ちた。この四つの都市はクンブ・メラの祭がまだ行なわれているところである。今日まで、それぞれの町が十二年毎に独自のメラを催している。二〇〇一年に催されたアラハバードのマハ・クンブ・メラはこれまでのところ最も見応えのある祭の一つであった。三千万人近くの人が聖なる都市に集まり聖なる川、ガンジスで沐浴した。

ガンジスの誕生に関する最も古くて有名な神話はバージラートの物語である。バージラートはサガール王の曾々々々孫で、海の王であった。サガール王は地上の悪魔を殺し、その覇権を宣言すべくアスワメド・ヤーギャ（馬の生贄）を捧げていた。雨の神であり、神々の王国の支配者であったインドラはヤーギャの神通力を失うのを恐れ、サガールの馬を盗み、偉大なる賢者カプリの草庵に繋いだ。その時カプリは深い瞑想に入っていたのでこのインドラの悪戯に気付かなかった。

馬がいなくなったことを知ったサガール王は自分の六万人の息子らに馬を探しに行かせた。息子らはついに瞑想している賢者のそばにいる馬を見つけ、賢者を襲うことを企てた。目を開いた賢者は陰謀を企む同胞たちに憤怒し、たちまち灰に変えてしまった。

サガール王の孫のアンシュマンがついにカプリから馬を取り戻した。アンシュマンは祖父に、怒った賢者が六万人の息子らを燃やして灰にしてしまったと告げた。息子らが天上の住居に行き着けるたった一つの方法は、ガンジスが天から下り、その水で息子らの灰を清めてくれることであった。だが不幸なことに、アンシュマンとその息子のディリップはガンジスを地上に呼ぶことができなかった。

結局、アンシュマンの孫のバージラットがヒマラヤに赴きガンゴトリで瞑想に入った。長い瞑想を終えた彼の前に人の姿をしたガンジスが現われ、大地を破壊するかもしれぬガンジスの強大な滝を誰かが粉砕してくれたら、地上に降りてもよい、と告げた。バージラット王がシヴァ神に助けを乞うと、ついにシヴァ神はその髪の毛でガンジスの流れを和らげることを承諾した。流れはバージラットの後をついて行き、サガール王の息子らの灰の山がある所にやってくると、その霊を清め、天国への道を開いた。

ガンジスは天から降りてきた故に、神に通ずる聖なる架け橋である。ガンジス川は、ある所から他所に渡る場所、ティルタである。ガンガストトゥラ・サタ・ナマヴァリは川に寄せる叙情詩のことで、インドにおける川の深い意味を示している。挨拶の言葉には聖なる川、百八つの名前がこめられている。(原注1) 現世と神との間をとりもつガンジスの役割は、ヒンズー教徒の葬式に体現されている。我々の祖先や縁者の灰はガンジスに撒かれ、サガールの息子らと同じように、天国への切符を約束されるのである。私は、東をガンジスで、西をヤムナで挟まれたドゥーン渓谷で生まれ育った。川は私を育み、小さい頃から聖なるものへの感性を形成してくれた。近年、私が最も感動したのは、リシュケシュにて父の灰をガンジスに流したことである。

ガンジスと同じく、ヤムナ川、カヴェリ川、ナルマダ川、ブラマプートラ川はすべて聖なる川であり、女神として崇められている。これらの川は精神的、物質的汚れを洗い清めてくれると信じられている。その霊験あらたかな清めの力が、ヒンズーの人々が毎日の入浴に歌う敬虔な歌の根拠である。「おお、聖なる母ガンガ、おお、ヤムナ、おお、ゴダヴァリ、おお、サラスヴァティ、おお、ナルマダ、おお、シンドゥ、おお、カヴェリ。私を清めてくれるこの水に、歓びが溢れますように」。

ガンジスは清めの水質を有しているだけではない。ガンジスの水には殺菌作用のあるミネラルが含まれている。現代の細菌学者の研究でコレラ菌がガンジス川の水で死ぬことが確認されている。F・C・ハリソン博士は、

「未だ満足の行く説明がなされていない不思議な事実がある。それは、ガンガの水の中ではコレラ菌がわずか三時間から五時間の間に死んでしまうことである。コレラ患者もいる沢山の遺体が流され、何千人もが水浴するこの川の水を、インド人は、清浄で決して汚れることがなく、飲んでも安全で入浴もできると信じているのは特筆すべきことで、現代細菌学が確認すべきことである（原注2）」

インド人がガンジスとその他の川を慕い不思議な力があると信じるのは別に驚くにあた

らない。いくらコカコーラやマクドナルドがインドを植民地化しても、クンブ・メラの祭で何百万人もの人間がガンジスの水にまみれようとするのも当り前のことである。

エコロジーの伝説

ガンガ、スワルガに
寄す波　雪神の姫なり
シヴァよ　勝利せよ
来たりて我らを助けたまえ
女神の降り来るをとどめん
怒濤天空　走り落つを
地の独り耐えざれば（原注3）

ガンジス源流を溯る山歩きは子供の頃の懐かしい思い出の一つだ。バージラットの瞑想の地、ガンゴトリは標高一万五百フィートのところにあり、そこに聖なる川であり女神でもある母なるガンガを祭る寺院がある。ガンガ寺院から数歩の場所にバージラット・シラすなわちバージラット王がガンジスを地上によこすためにその上で瞑想したとされる石がある。寺院は毎年、四月の最終週から五月の第一週に行なわれるアクシャヤ・トリティエの間に開帳される。この日、農民たちは新しい種を準備する。ガンガ寺院は、光の祭りディーパヴァリの日に再び閉じられる。そして女神ガンガはハリドヴァール、プラヤグ、ヴァラナシの寺院へと下っていく。

ガンジスが地上に降りる物語はエコロジカルな物語である。本節の冒頭に引用した聖歌は、ガンジスのような大河の降臨に治水問題が結び付いた伝説である。ヒマラヤに関する卓越した生態学者、H・C・ライガーはこの聖歌の具体的論理性を以下のように説明している。

「歌詞が表現しているのは、もし山の水が流れ落ちてきたなら、むき出しの平野を直撃するであろう、という意味だ。それが、怒濤天空　走り落つを　地の独り耐えざれば、である。シヴァ神の髪の毛、それは洪水の猛威を抑えてくれる誰でも知っている天然の仕掛け、つまり山の樹木にほかならない（原注4）」

ガンジスは死後の安寧を与えてくれるだけの存在ではない。ガンジスは生命の繁栄の源なのだ。ガンジス平野は世界の最も肥沃な地域の一つである。耕作期に入るとビハールでは農民は種を蒔く前にガンジスの水を入れた瓶を畑の特別な場所に置き、豊作を願う。この信仰的であると同時に有機的な行為が地理学者ダイアナ・エックをしてガンジスを「有機的シンボルと呼ばしめた」。

「ガンガのシンボルとしての意味のために長ったらしい物語は不要だ。まず、ガンジスは宇宙の生命エネルギーである水が流れる川である。歴史には神話が生まれ、消えていく。神話は宇宙を形づくり意味を後世に伝え、次第に創造力を維持できなくなり、ついには忘れ去られる。だが川は、もう物語が語られなくなっても依然として流れ続けている（原注5）」

ガンゴトリからさらに十四マイル登るとガウムクである。ガウムクは牛の鼻の形をした氷河で、これがガンジス川の源流である。ガウムク氷河は全長二十四キロ、幅六キロから八キロであるが、毎年五ミリずつ後退している。ガンジス平野に生きる数百万人の生命線ガンジスの氷河は後退しており、インドの将来に深刻な事態をもたらそうとしている。

キリスト教と聖なる水

水の神聖さは川の威力と水の生命力の二つの要素から想起されたものである。T・S・エリオットはミシシッピー川について書いたことがある。「私は神についてはよくわからないが、この川は強くて茶色い神様だと思う(原注6)」。

私たちは世界中で水の信仰的な重要性に出会う。フランスでは女神シクアナを祭る寺院がセーヌ川の源流にあり、マルヌ川の名はマトロナ、ゴッド・マザーに由来する。イングランドのテームズ川は古くはタメサまたはタメシスといい、川の神性を表わした。ジャネット・ボードとコリン・ボード(訳注1)は著書『聖なる水』のなかでイングランド、ウェールズ、スコットランド、アイルランドの今日まで生き残ってきた古い聖なる泉を二百カ所挙げている(原注7)。

水への信仰的崇拝はヨーロッパではキリスト教の勃興とともに消し去られていった。この新興宗教は水信仰を異教よばわりし忌まわしきものと告発した。西暦四五二年ごろ開かれた第二回アルル会議でカノン（教会規範）はこう宣言した。「もし司教の教区内で異教徒が松明を灯し、樹木や泉や石を崇拝し、その習慣を放棄しないならば、神聖冒瀆の罪を犯したものとみなす（原注8）」。西暦九六〇年にはサクソン王エドガーが「すべての聖職者はキリスト教の前進に精進し、異教を絶やし、泉信仰を禁じる」政令を発布した。（原注9）このような勅令は十二世紀頃まで出されていた。

十五世紀、ヒアフォード教区大教会はイングランド、ターナストンにおいて泉およびその他の水源への礼拝を禁止する教令を出した。

「神なる法と聖なるカノンは、石や泉やその他の神の創造物を崇める者は皆、偶像崇拝の罪に問われると定めている。しかしながら、多くの信頼すべき証人や人々に共通した報告から、嘆かわしくも、我らが臣民の多くがターナストンの教区内の泉と石を訪れ、教会の権威をよそに膝まづき、捧げ、祈り、かくして偶像崇拝を犯し、水が枯れると泉の泥土を持ち帰り魂の重大な危機や邪悪なことの印として後生大事に扱っているとのことである。従って、当教会は、この泉と石の使用を中止し、祈禱の目的をもって泉と石を訪れた者は正式破門に処すものとする。そして、各教区、全教会に対し聖なる教会の権威にかけて、教会と教区の信者に、かくなる目的でその場所を訪れぬように強く命じるよう、委任する」（原注10）

水礼拝の禁止にもかかわらず、水の神聖さに対する深い信仰はかたく守られた。その神聖な儀式を守るため、人々は聖なる場所をキリスト教のための場所に変えた。旧いならわしはキリスト教の儀式に変わり、水信仰はキリスト教の外観をまとうようになった。（原注11）水はその神聖さを洗礼と聖水で手を洗うことの中に維持した。洗礼場と教会は泉の近く、またはその上に建てられた。

水の「価値」が意味するもの

価値（value）という単語はラテン語のvalere、「強いこと、値打ちのあること」という意味に由来する。水が神聖化されている社会では、水は値打ち通りの役割を果たし、動物と植物と生態系の生命力として機能している。ところが、水の商品化は、水の価値を単なる商業的価値へと矮小化してしまう。オックスフォード英語辞典は価値の意味を第一に経済用語として定義している。「ある商品、交換の媒介物など、他の物と同等と見なされる量のこと、公平または適切な等価物または見返りのこと」。価値（value）という単語と同じように資源（resources）の語源も興味深い。これは「再び蘇る力を備えたもの」を意味する

surgeという言葉から来ている。残念ながら資源という言葉は今では工業原料としての価値を与えるものに使われるだけである。

エコロジーの危機を解決するためにすべての資源に商品価値を与えてはどうか、という提案は、治療のために病を与えるようなものである。産業革命の到来とともに、すべての価値は商品価値と同義語になり、資源の精神的、生態的、文化的、社会的意味は崩壊した。森林はもはや生命の共同体ではなく、材木の山でしかなくなった。鉱物は大地の血脈ではなく、単に原料でしかない。私たちは今、二つの生命資源の商品化に直面している。それは生物多様性と水である。この両者は長い間、森林の産業化の手の届かないところにあった。生物多様性は今では遺伝子資源であり、水は商品にすぎない。

水の危機は、その価値と貨幣価値との誤った均等化の結果である。しかし、値段のない資源がしばしば非常に高い価値を持つことがある。聖なる森や川といった神聖な場所は、金では買えない高い価値を持った資源である。海、川などの水域は私たちと地球との関係を象徴的に現わす重要な役割を担っている。多様な文化に多様な価値のシステムがあり、それが社会の民族的、生態的、経済的姿勢を導き、形成する。同様に、生命は神聖である、という思想が生存のシステムに高い価値を置き、その商品化を防ぐ。

生命資源の保護は市場の論理では保証することはできない。それは聖なるものの回復と、共有なるものの回復を要求する。そしてこの回復が今始まっている。数年前、数千人の巡礼が北インドの村からシヴァ神の誕生祭シヴラトリに必要なガンジスの水を汲むためハリドヴァールとガンゴトリに向かって歩いていた。彼らは、棒の両側に水を入れた二つの瓶をぶら下げて運ぶカヴァドというクビキ（瓶は決して地面に触れてはならない）を担いでいたが、その数は現在では数百万人に増えている。デリーから私の故郷のデラドゥーンまでの国道は巡礼の通る週は交通が遮断される。町も村も、二百キロに及ぶ巡礼行程沿いに無料の休憩所と食事所を出す。聖なるものへの祝福と寄進、それが華やかな装飾を施したガンガの水の入ったカヴァドである。

いかなる市場経済の力でも、八月のインドの猛暑の中、数百万人の人間をして聖なる水を肩に数百キロの道を担いで運ばせることなどできない。クンブ・メラで聖なる水を浴びるためにガンジスに赴いた三千万人の信徒は、水を市場価値ではなく、信仰的価値でとらえている。国家は信仰者に水市場の崇拝を強制することはできない。

聖なる水は市場経済の彼方にある、神話と伝説、信仰と献身、文化と祝祭に満ちた世界へと我々をいざなう。そこが水を救い、分かち合い、窮乏から豊穣へと転換させてくれる世界である。我々は皆、根本的にも精神的にも、命を救う水を渇望するサガールの息子たちなのだ。クンブをめぐる神と悪魔との戦い、与える者と搾取する者との戦い、それは今も続いている。我々一人ひとりが未来の創世紀の登場人物である。我々一人ひとりがクンブ、聖なる水瓶を手にしているのである。

【訳注】

1　ジャネット・ボード、コリン・ボード：イギリスの人気ノンフィクション・ミステリー作家。実際に調査はせず資料・証言を素材にして不思議な現象、珍しい動物、幽霊の話などを書くが、真偽のほどは定かではない。

番号	名称	意味
80	Tapa-traya-vimocini	3つの苦悩から解き放つ
81	Saranagata-dinarta-paritrana	助けを求めてやってくる病者の保護者
82	Sumkuti-da	完全な魂の解放を与える
83	Siddhi-yoga-nisevita	(成功と神通力の獲得)に頼った
84	Papa-hantri	罪の破壊者
85	Pavanangi	純粋な体をした
86	Parabrahma-svarupini	至高の精神を体得した
87	Purna	充満
88	Puratana	古代の
89	Punya	めでたい
90	Punya-da	価値を授ける
91	Punya-vahini	価値を持つ、価値を作る
92	Pulomajarcita	インドラの妻インドラニが祈った
93	Puta	純粋
94	Puta-tribhuvana	3つの世界を清める者
95	Japa Muttering	囁く
96	Jangama	動く、生きている
97	Jangamadhara	生きて動くものを支えるもの、土台
98	Jala-rupa	水から成る
99	Jagad-d-hita	生きて動くものの友、保護者
100	Jahnu-putri	ジャヌの娘
101	Jagan-matr	生きて動くものの母
102	Jambu-dvipa-viharini	フトモモの木の島(インドのこと)を徘徊したり楽しむこと
103	Bhava-patni	バーヴァ(シヴァ神)の妻
104	Bhisma-matr	ビシュナの母
105	Siddha	聖なる
106	Ramya	楽しい、美しい
107	Uma-kara-kaamala-sanjata [Parvati]	ウマを創造した蓮花から生まれた
108	Ajana-timira-bhanu	無知の暗闇の中の光り

108 Name of the Ganges River

番号	名称	意味
36	Vrndaraka-samasrita	高貴の人が通う場所
37	Uma-sapatni	ウマ（パーヴァティ）と同じ夫（シヴァのこと）を持つ
38	Subhrangi	美しい手足（肢体）をした
39	Srimati	美しい、めでたい、華々しい
40	Dhavalambara	まばゆいような白い衣装をまとった
41	Akhandala-vana-vasa	シヴァ神が森の住人（隠遁者）である
42	Khandendu-drta-sekhara	上弦の月を冠に戴く
43	Amrtakara-salila	ネクターの水を持つ者
44	Lila-lamghita-parvata	山を跳び回って遊ぶ
45	Virinci-kalasa-vasa	ブラーマ（またはヴィシュヌまたはシヴァ）の水瓶に住む
46	Triveni Triple-braided	ガンジス、ヤムナ、サラスヴァティの3つの川から成り立つ
47	Trigunatmika	3つのグナを所有する
48	Sangataghaugha-samani	サンガタの罪の塊を破壊する
49	Sankha-dundubhi-nisvana	ほら貝を鳴らし50のビティ・フルトを叩く
50	Bhiti-hrt	恐れを取り払う
51	Bhagya-janani	幸福を創り出す
52	Bhinna-brahmanda-darpini	ブラーマの割れた卵を自慢する
53	Nandini	幸福なこと
54	Sighra-ga	速い流れ
55	Siddha	完璧な、聖なる
56	Saranya	隠れ家、援助、庇護を与えること
57	Sasi-sekhara	月を戴いた
58	Sankari	サンカラ（シヴァ神）に従う
59	Saphari-puran	魚に溢れた（特に鯉、シプリナス・サフォアという浅瀬できらきら光る鯉に似た小さな魚）
60	Bharga-murdha-krtalaya	バーガ（シヴァ神）の頭を住み家にする
61	Bhava-priya	バーヴァ（シヴァ神）への親愛
62	Satya-sandha-priya	忠実な者への親愛
63	Hamsa-svarupini	白鳥に身を宿す
64	Bhagiratha-suta	バージラタの娘
65	Anatra	永遠の
66	Sarac-candra-nibhanana	秋の月に似ている
67	Om-kara-rupini	聖なる音節オムが現われる
68	Atula	無類の
69	Krida-kallola-karini	ふざけたような大波
70	Svarga-sopana-sarani	天の階段のように流れる
71	Sarva-deva-svarupini	平和の継続を体現する
72	Ambhan-prada	水を授ける
73	Duhkha-hantri	哀しみを砕く
74	Santi-santana-karini	平和の継続をもたらす
75	Daridrya-hantri	貧困の破壊者
76	Siva-da	幸福を授ける
77	Samsara-visa-nasini	幻想の毒を破壊する
78	Prayaga-nilaya	プラヤガ（アラハバッド）を住居にすること。
79	Sita "Furrow"	天上のガンジスがメル山に墜ちた後、分岐したという神話の4つの支流のうちの東の流れ。

付録　ガンジス川の108個の名称

番号	名称	意味
1	Ganga	ガンジス
2	Visnu-padabja-sambhuta	蓮の花のようなヴィシュヌの足から生まれた
3	Hara-vallabha	ハラ（シヴァ）神への親愛
4	Himancalendra-tanaya	ヒマラヤの神の娘
5	Giri-mandala-gamini	山国の間を流れる
6	Tarakarati-janani	悪魔タラカの敵
7	Sagaratmaja-tarika	賢者カピラの怒りの目に触れ灰となったサガラの6万人の息子たちの解放者
8	Sarasvati-samayukta	（地下を流れアラハバードでガンジスに合流したといわれる）サラスヴァティ川に合流
9	Sughosa Melodius	騒々しい
10	Sindhu-gamini	海に注ぐ
11	Bhagirathi	（その祈りでガンジスを天から呼び寄せた）聖バージラタに属する
12	Bhagyavati	幸せな、運の良い
13	Bhagiratha-rathanuga	（サガラの息子たちの灰を清めるために地獄に降りた）バージラタの馬車についていく
14	Trivikaram-padoddhuta	ヴィシュヌの足元から落ちる
15	Triloka-patha-gamini	3つの世界を流れ抜ける（天、地、大気または低地）
16	Ksira-subhra	乳のように白い
17	Bahu-ksira	たくさんの乳を出す牛
18	Ksira-vrksa-samakula	4種のミルクの木のこと。ナヤ・グロダ（ベンガルボダイジュ）、ウドゥンバラ（イチジク）、マドゥカ（バシア・ラトフォリア）
19	Trilocana-jata-vasini	シヴァの巻毛に棲む
20	Trilocana-traya-vimocini	3つの義務から解放される。1、リシスへのブラーマ・カリャ（ヴェダの研究）2、神への犠牲と祈り 3、マネス（冥土の神）への男子の出産
21	Tripurari-siras-cuda	トリプラまたはシヴァの敵の頭の房飾り（トリプラはアスラスのためにマヤが空と大気と地にそれぞれ金、銀、鉄で作った三重の砦。シヴァによって燃やされた）
22	Jahnavi	生贄の土地を水浸しにしたのを怒りガンジスを飲み込んだが、静まって耳から流れ出させたジャヌに属する
23	Nata-bhiti-hrt	恐れを取り去る
24	Avyaya	不滅の
25	Nayanananda-dayini	不滅の
26	Naga-putrika	山の娘
27	Niranjana	（無色の）洗眼剤をつけていない
28	Nitya-suddha	永遠に純粋な
29	Nira-jala-pariskrta	水の網で飾った
30	Savitri	刺激物
31	Salila-vasa	水に生息する
32	Sagarambusa-medhini	大海の水を膨らませる
33	Ramya	とても楽しい
34	Bindu-saras	水の雫でできた川
35	Avyakta Unmanifest	進化していない

10 Quoted in Somasekhar Reddy, *Indigenous Tank System.*
11 同上
12 Vandana Shiva 他, *Ecology and the Politics of Survival : Conflicts Over Natural Resources in India* (New Delhi:sage, 1991).
13 同上
14 情報は、運動を通して水の革命にめざめたラレガオン・シンディのアンナ・ハザレとの対話から得たものである。
15 2000年5月、タルン・バーラト・サングのラジェンダー・シンとの対話から。
16 同上

Chapter Seven
聖なる水

1 付録のガンジス川の108個の名称表を参照されたい。
2 Swami Sivananda, *Mother Ganges,* (Uttar Pradesh, India: The Divine Life Society, 1994), p.16.
3 H.C. Reiger, "Whose Himalaya ? A Study in Geopiety," in T. Singh, ed., *Studies in Himalayan Ecology and Development Strategies* (New Delhi: English Book Store, 1980), p.2.
4 同上
5 Diana Eck, "Ganga The Goddess in Hindu Sacred Geography" in *The Divine Consort: Radha and the Goddesses of India,* John Stratton Hawley, Donna Marie Wulff, eds. (Berkeley: Graduate Theological Union, 1982),p.182.
6 Uma Shankari and Esha Shah, *Water Management Traditions in india* (Madras, India: Patriotic People's Science and Technology Foundation, 1993), p.25.
7 Janet Bord and Colin Bord, *Sacred Waters: Holy Wells and Water Lore in Britain and Ireland* (London; New York: Granada, 1985).
8 同上 p.31.
9 同上
10 Robert Mascall, *Bishop of Hereford,* p.1404-1417. Janet Bord and Colin Bord, *Sacred Waters,* p.45.
11 同上

Ecology,and Politcs (London: Zed Books, 1991) p.141. ヴァンダナ・シヴァ著・浜谷喜美子訳『緑の革命とその暴力』(日本経済評論社刊)
21 Vandana Shiva and Gurpreet Karir, *Chemmeenkettu* (New Delhi: Research Foundation for Science, Technology, and Ecology, 1997).
22 同上
23 同上
24 同上
25 Tim Palmer, *Endangered Rivers and the Conservation Movement* (Berkeley, CA : University of California Press, 1986), p.178.
26 同上 p. 192.
27 Mohamed T, El-Ashry, "Salinity Problems Related to Irrigated Agriculture in Arid Regions" (Proceeding of Third Conference on Egypt, Association of Egyptian-American Scholars, 1978), p.55-75.
28 El-AShry, "Groundwater Salinity Problems Related to Irrigation in the Colorado River Basin and Ground Water," *Groundwater*, Vol.18, No.1 January/February 1980, p.37-45.
29 De Villier, *Water*, p.143.
30 砒素中毒に関しての情報は世界保健機関(WHO)のホームページを参照されたい。www.who.int/water_sanitation_health/Arsenic/arsenic.htm
31 バングラデッシュの砒素中毒の参考資料としてはアラン・スミス、エレナ・リンガス、マフザル・ラーマン共著「バングラデッシュにおける飲料水の砒素中毒;公衆衛生の緊急事態」Allan Smith, Elena Lingas, and Mahfuzar Rahman, "Contamination of Drinking-Water By Arsenic In Bangladesh : A Public Health Emergency," WHO広報誌Vol.78, No.9(2000), 1093-1103, www.who.int/bulletin/pdf/2000/issue9/bu0751.pdf

Chapter Six
欠乏から潤沢への転換

1 Anupam Mishra, *The Radiant Raindrops of Rajasthan*, translated by Maya Jani (New Delhi: Research Foundation for Science, Technology, and Ecology, 2001), p.3.
2 同上
3 S.T. Somasekhar Reddy, *Indigenous Tank System* (New Delhi: Research Foundation for Science, Technology, and Ecology, 1985).
4 同上
5 同上
6 同上
7 K.A. Wittfogel, *Oriental Despotism; A Comparative Study of Total Power* (New Haven, CT:Yale University Press, 1957).
8 Nirmal Sengupta, *Managing Common Property: Irrigation in India and The Philippines* (New Delhi: Sage, 1991).
9 同上

54 Barlow, *Blue Gold*, p.19.
55 同上
56 www.canadians.org/blueplanet/cochabamba-e.html.を見よ。
57 Oscar Olivera and Marcela Olivera, "Reclaiming the Water" (unpublished document).
58 同上

Chapter Five
食物と水

1 *Participatory Breeding of Millets*(The International Crops Research Institute for the Semi-Arid Tropics, 1995)
2 Vandana Shiva 他, *Ecology and the Politics of Survival: Conflicts Over Natural Resources in India* (New Delhi: Sage, 1991)
3 V.A.Kovda, *Land Aridization and Drought Control* (Boulder, CO: Westview Press, 1980); M.M. Peat and I.D. Teare, *Crop-Water Relations* (New York: Wiley, 1983).
4 Vandana Shiva, *Violence of the Green Revolution: Third World Agriculture, Ecology and Politcs* (London: Zed Books, 1991) p.70. ヴァンダナ・シヴァ著・浜谷喜美子訳 『緑の革命とその暴力』(日本経済評論社刊)
5 同上 p.200.
6 同上
7 同上
8 Vandana Shiva 他, *Ecology and the Politics of Survival: Conflicts Over Natural Resources in India* (New Delhi: Sage, 1991)
9 同上
10 湿ったことのない土壌は塩分が雨で流されずに残る。
11 Vandana Shiva, *Violence of the Green Revolution: Third World Agriculture, Ecolog and Politcs* (London: Zed Books, 1991) p.128. ヴァンダナ・シヴァ著・浜谷喜美子訳 『緑の革命とその暴力』(日本経済評論社刊)
12 同上 p.129.
13 Vandana Shiva 他, *Seeds of Suicide* (New Delhi: Research Foundation for Science, Technology, and Ecology, 2001).
14 Vandana Shiva 他, *Ecology and the Politics of Survival*, p.234.
15 同上 p.235.
16 同上
17 Robin Clarke, *Water: The International Crisis* (Cambridge, MA: MIT Press, 1993), p.61.
18 William Ellis, "A Soviet Sea Lies Dying," *National Geographic*, February 1990
19 Marq De Villiers, *Water: The Fate of Our Most Precious Resource* (New York: Houghton Mifflin. 2000), p.44.
20 Vandana Shiva, *Violence of the Green Revolution: Third World Agriculture,*

17 Barlow, *Blue Gold*, p.18.
18 同上
19 Ghana National Coalition Against the Privatisation of Water, "Water is Not a Commodity," (unpublished document).
20 同上
21 Provision of the Panchayats (Extension to the Scheduled Areas) Act, 1996, Section 4(b)
22 同上 Section 4(a)
23 同上 Section 4(d)
24 GATS submission by European Union.
25 Ruth Caplan, "Alliance for Democracy" (paper circulated at the NGO GATS meeting, Geneva, April 2001).
26 WTO Doha Declaration (Ministerial Meeting, November 2000).
27 *New Yorl Times*, July 31, 2000.
28 同上
29 同上
30 Quoted in Barlow, *Blue Gold*, p.36.
31 Ricardo Petrella, *The Water Manifesto*, p.68.
32 同上
33 同上
34 Barlow, *Blue Gold*, p.18.
35 Ricardo Petrella, *The Water Manifesto*, p.73.
36 Barlow, *Blue Gold*, p.16.
37 同上
38 World Development Movement (WDM), "Stop the GATSastrophe," November 2000, www.wdm.org.uk/cambriefs/wto/GATS.htm.
39 Barlow, *Blue Gold*, p.17.
40 同上
41 これはボパール医療救済グループのミラ・シヴァ医師から得た個人的な情報である。
42 Petrella, *The Water Manifesto*, p.68.
43 Barlow, *Blue Gold*, p.8.
44 "Small is Sustainable," International Society for Ecology and Culture, 2000, p.1.
45 Barlow, *Blue Gold*, p.28.
46 Consumer Education Research Center, *Insight* (January/February, 1998).
47 Government of India, PFA Amendment, 2000.
48 *Financial Express*, December 30, 2000.
49 *Business Times*, June 26, 2001, p.10.
50 同上
51 同上
52 ナラヤン大統領の共和国記念日演説から。1999年。
53 私はケララにいる間ずっとこのスローガンを目にした。

87 Imeru Tamrat, "Conflict or Cooperation in the Nile," (paper submitted to the P7 Summit on Water Issues, Brussels, June 7-10, 2000).
88 同上
89 K Tripathi, *Inter State River Conflicts* (Delhi: Law Institute, 1971), P.31.
90 Hultin, "The Nile," p.33.
91 ヘルシンキ規則は1966年8月ヘルシンキで開かれた国際法協会第52回総会で受諾された。*Report of the Committee on the Uses of the Waters of International Rivers* (London: International Law Association, 1967).
92 *Report of Krishna Water Disputes Tribunal* (New Delhi: Government of India, 1973), p.43.
93 Reisner, *Cadillac Desert.*
94 Shiva 他, *Ecology and Politics of Survival*, p.255.
95 同上

Chapter four
世界銀行、WTO、企業の水支配

1 www.worldbank.org
2 Maude Barlow, *Blue Gold: The Global Water Crisis and the Commodification of the World's Water Supply* (San Francisco: International Forum on Globalization, 2001), p.15.
3 *Fortune Magazine*, May 2000
4 Monsanto, "Sustainable Development Sector Strategy" (Unpublished document, 1991), p.3.
5 同上 p.14.
6 Monsanto, "Water Business Plan" (unpublished document, 1998).
7 同上
8 同上
9 Vandana Shiva, Afsar H, Jafri, and Gitanjali Bedi, *Ecological Costs of Economic Globalisation* (New Delhi: Research Foundation for Science, Technology, and Ecology, 1997), p.45.
10 Riccardo Petrella, *The Water Manifesto: Argument for a World Water Control* (London: Zed Books, 2001), p.20.
11 Vandana Shiva 他. *License to Kill* (New Delhi : Research Foundation for Science, Technology, and Ecology, 2000),p.53-58.
12 Meera Mehta, *A review of Public-Private Partnerships in the Water and Environmental Sanitation Sector in India* (New Delhi: Department for International Development, 1999)., p.7.
13 Barlow, *Blue Gold*, p.15.
14 Emanuel Idelevitch and Klas Ringkeg, "Private Sector Participation in Water Supply and Sanitation in Latin America" (World Bank, 1995), p.9.
15 同上
16 同上 p. 27-50.

は2000年11月15日に解放された。

56 Elizabeth Corell and Ashok Swain, "India: The Domestic and International Politics of Water Scarcity," in Leif Ohlsson, ed ., *Hydropolitics: Conflicts over Water As a Development Constraint* (Dhaka: University Press; London: Zed Books, 1995), p.142-143.

57 同上 p.143.

58 同上 p.144.

59 Marq De Villiers, *Water: The Fate of Our Most Precious Resource* (New York: Houghton Mifflin. 2000), p.236-237.

60 同上 p.239

61 Michael Schultz in Ohlsson, ed ., *Hydropolitics*, p.106.

62 同上 p.101.

63 同上 p.99.

64 GAP はトルコの頭字語

65 Schultz in Ohlsson, ed ., *Hydropolitics*, p.99.

66 De Villiers, *Water*, p.210.

67 同上

68 同上 p.11.

69 Schultz in Ohlsson, ed ., *Hydropolitics*, p.110.

70 Helena Lindholm, "Water and the Arab-Israeli Conflict," in Ohlsson, ed., *Hydropolitics*, p.58.

71 Quoted in Saul Cohen, *The Geopolitics of Israel's Border Question*, (Boulder : Westview Press, 1986), p.122.

72 Lindholm, "Water and the Arab-Israeli Conflict," p.61.

73 同上 p.69.

74 同上 p.62.

75 同上 p.63.

76 Ewan Anderson, "Water: The Next Strategic Resource," quoted in Lindholm, "Water and the Arab-Israeli Conflict," p.77.

77 Fadia Darbes, Palestinian Water Authority, "Water Resources in the Region: An Approach to Conflict Resolution," (paper submitted to the P7 Summit on Water Issues, Brussels, June 7-10, 2000).

78 Military Order 158, November 19, 1967, Amendment to Water Law 31, 1953, quoted in Jerusalem Media Communication Center, 1993: p.22.

79 Lindholm, "Water and the Arab-Israeli Conflict," p.80.

80 *Mara Natha*, Secunderabad, India, March/April 2001.

81 De Villiers, *Water*.

82 同上 p.216.

83 同上 p.220.

84 Jan Hultin, "The Nile: Source of Life, Source of Conflict," in Ohlsson, ed., *Hydropolitics*, p.29.

85 De Villiers, *Water*, p.224.

86 同上 p.225.

26 Jain, "Dam Vs. Drinking Water"
27 Vandana Shiva, *Violence of the Green Revolution*
28 "Punjab Floods Were Man-Made," *Economic Times* (Bombay), October 4, 1988.
29 Vandana Shiva, *Violence of the Green Revolution, 145*
30 "Dams and Floods," *Indian Express*, October 21, 1988.
31 Vandana Shiva, *Violence of the Green Revolution*
32 Marc Reisner, *Cadillac Desert: The American West and its Disappearing Water* (New York: Viking, 1986).
33 Vandana Shiva 他, *Ecology and the Politics of Survival* (New Delhi: Sage. 1991) p.202-240.
34 同上
35 Government of India Agriculture Statistics, Delhi, 2000).
36 L.C.Jain, "Myths about Dams," (unpublished document, 2001).
37 Shiva 他, *Ecology and the Politics of Survival*, p.186.
38 同上
39 Arundhati Roy in "The Greater Common Good," *Frontline*, April 1999, p.31.
40 Gandhian non-violent, civil disobedience.
41 *Illustrated Weekly*, August 1984.
42 Vijai Paranjapaye, "Narmada Dams" (new Delhi: The Indian National Trust for Art and Cultural Heritage, 1987).
43 同上
44 同上
45 For an expanded discussion of the Ukai Dam and its social and ecological consequences, see Shiva, *Ecology and the Politics of Survival*. p.228-229.
46 同上
47 For further discussion of the Bhakra Dam displacement, see Shiva, *Ecology and the Politics of Survival*.
48 同上 p.230.
49 Maria Mies and Vandana Shiva, *Ecofeminism* (Halifax, NS: Fernwood Publications; London: Zed Books, 1993).
50 同上 p.101.
51 *Dams and Development*, Report of the World Commission on Dams (London: Earthscan Publications, 2000), p.18.
52 同上
53 同上 p.18
54 Letter from the anti-dam movement in Koel Karo.
55 2000年7月30日、カンナダ映画のスター、ラジュクマールが悪名高い盗賊ヴィーラッパンに誘拐された。ヴィーラッパンはカヴェリの水紛争を永久的に解決せよ、という内容を含む10カ条の要求を突きつけた。要求は他にタミール語をカルナタカ州の正式第二公用語にすること、バンガロールにあるティルヴァヴァールの像の覆いをとること、ティルネルヴェリのマンジョライ領地の労働者の日当を上げることなどがあった。ラジュクマール

Chapter Three
川の植民地化――ダムと水戦争

1 John Widtsoe, "Success on Irrigation Projects" (published as a pamphlet in 1928), p.138.
2 Charles R. Goldman, James McEvoy III, and Peter J. Richerson, eds., *Environmental Quality and Water Development* (San Francisco: W.H.Freeman, 1973), p.80.
3 "By a Damsite," *Time Magazine*, June 19,1994, p.79.
4 Paul Shepard, *Man in the Landscape. A Historic View of the Asthetics of Nature* (New York: Knopf, 1967), p.141.
5 Fred Powledge, *Water: The Nature, Uses, and Future of Our Most Precious and Abused Resource* (New York: Farrar, Straus and Giroux, 1982), p.279.
6 Bureau of Reclamation, "Reclamation" (Washington DC, 1975).
7 Tim Palmer, *Endangered Rivers and the Conservation Movement* (Berkeley, CA: University of California Press, 1986), p.20.
8 同上
9 同上, p.22.
10 Donald Worster, *Rivers of Empire: Water, Aridity, and the Growth of the American West* (New York: Pantheon Books, 1985), p.202.
11 Palmer, *Endangered Rivers*, p.58.
12 同上
13 Worster, *Rivers of Empire*, p.98.
14 同上, p.211.
15 同上
16 同上
17 Palmer, *Endangered Rivers*, p.215.
18 同上, p.183.
19 Vandana Shiva, *Violence of the Green Revolution*: Third World Agriculture, Ecology,and Politcs (London: Zed Books, 1988) ヴァンダナ・シヴァ著・浜谷喜美子訳『緑の革命とその暴力』(日本経済評論社刊)
20 Worster, *Rivers of Empire*, p.264.
21 Vandana Shiva and Radha Holla Bhar, *History of Food and Farming in India* (New Delhi: Research Foundation for Science, Technology, and Ecology, 2001).
22 Vandana Shiva, *Violence of the Green Revolution*: Third World Agriculture, Ecology,and Politcs(London: Zed Books, 1988) ヴァンダナ・シヴァ著・浜谷喜美子訳『緑の革命とその暴力』(日本経済評論社刊)
23 同上
24 L.C.Jain, "Dam Vs. Drinking Water: Exploring the Narmada Judgement," *Parisar*, 2001.
25 Vandana Shiva, *Violence of the Green Revolution*

21 Terry Anderson and Pamela Snyder, *Water Markets*, p.149.
22 Peter Rogers, *America,'s Water: Federal Roles and Responsibilities* (Cambridge, MA:MIT Press,1993).
23 South West Network for Environmental and Economic Justice and Campaign for Responsible Technology, *Sacred Waters* (1997), p.19-20.
24 同上
25 同上 p.133-134.

Chapter Two
気候変動と水の危機

1 Aubrey Meyer, *Contraction and Convergence: The Global Solution to Climate Change* (Totnes, Devon: Green Books for the Schumacher Society, 2000), p.22.
2 Paul Brown, *Global Warming: Can Civilization Survive?* (London: Blandford Press, 1996), p.57.
3 同上
4 Intergovernmental Panel on Climate Change, *Climate Change*, 2001, (Cambridge: Cambridge University Press), p.1.
5 Meyer, *Contraction and Convergence*.
6 Ross Gelbspan, *The Heat is On: The Climate Crisis, the Cover-up, the Prescription* (Boulder, CO: Perseus Books, 1998), p.109.
7 同上
8 "Global Warming Much Worse than Predicted," *The Independent*, June 12, 2001.
9 Jeffrey Kluger,"A Climate of Despair," Time Magazine, (April 9, 2001): p.34.
10 Intergovernmental Panel on Climate Change, *Climate Change*, 2001, p.363.
11 Vandana Shiva and Ashok Emani, *Climate Change, Deforestation, and the Orissa Super Cyclone* (New Delhi: Research Foundation for Science, Technology and Ecology, 2000), p.4.
12 Ali and Chowdhary, April 1997.
13 Shiva and Emani, *Climate Change, Deforestation, and the Orissa Super Cyclone*, p.10.
14 同上, p.810-815.
15 "The Big Meltdown," *Time Magazine*, September 4, 2000, p.55.
16 John Michael Wallace, *International Herald Tribune*, April 19, 2001.
17 Sydney Levitus, *New York Times*, April 13, 2001.
18 "Climate Crisis," *The Ecologist*, 29: 2
19 Intergovernmental Panel on Climate Change, *Climate Change, 2001*, p.700.
20 K.S. Foma, *The Traveller's Guide to Uttarakhand* (Chamoli, India: Garuda Books, 1998), p.51.
21 Brown, *Global Warming*, p.87.
22 Intergovernmental Panel on Climate Change, *Climate Change*, 2001, p.856.

35 Terry Anderson and Pamela Snyder, *Water Markets: Priming the Invisible Pump* (Washington DC: Cato Institute, 1997),p.8.
36 Jack Hirshleifer, James C. De Haven, and Jerome W. Milliman, *Water Supply: Economics, Technology, and Policy* (Chicago IL: University of Chicago Press, 1960).

Chapter One
水利権――国家、市場、コミュニティ

1 *"Institute of Justinian"* 2.1.1
2 William Blackstone, quoted in Walter Prescott Webb, *The Great Plains* (New York: Grosset and Dunlop, 1931).
3 Chattarpati Singh, "Water and Law," (n.d.)
4 Devon Pena, ed., *Chicano Culture, Ecology and Politics* (Tuczon, AZ: University of Arizona Press, 1998), p.235.
5 Donald Worster, *Rivers of Empire: Water, Aridity, and the Growth of the American West* (New York: Pantheon Books, 1985), p.88.
6 同上 p.89.
7 同上 p.104.
8 同上 p.90.
9 Terry Anderson and Pamela Snyder, *Water Markets: Priming the Invisible Pump* \ (Washington DC: Cato Institute, 1997),p.75.
10 Jatinder Bajaj, "Green Revolution:A Historical Perspective" (paper presented at CAP/TWN Seminar on "Crisis of Modern Science," Penang, November 1986), p.4.
11 Nirmal Sengupta, *Managing Common Property: Irrigation in India and The Philippines* (New Delhi:Sage, 1991), p.30.
12 N.S.Jodha, "Common Property Resources and Rural Poor," *Economic and Political Weekly* 21, No.7 (July 5, 1986).
13 John Lock, *Second Treatise onCivil Government,* (Buffalo, NY : Prometheus Books, 1986), p.20.
14 Garrett Hardin, "Tragedy of the Commons," *Science* 162 (1968): p.1243-1248.
15 Devon Pena, ed., *Chicano Culture, Ecology and Politics* (Tuczon, AZ: University of Arizona Press, 1998), p.235.
16 同上
17 同上 p.242.
18 Devon Pena, "A Gold Mine, An Orchard, and an Eleventh Commandment," in Pena ed., *Chicano Culture, Ecology and Politics* (Tuczon, AZ: University of Arizona Press, 1998), p.250-251.
19 Anupam Mishra, "The Radiant Raindrops of Rajasthan," translated by Maya Jani (New Delhi: Reserach Foundation for Science, Technology and Ecology, 2001).
20 Chattarpati Singh, "Water and Law,"

Note

13 Personal communication, Kader Asmal, Water Minister, South Africa; CSIR Division of Water, Environment and Forestry Technology, *The Environmental Impacts of Invading Alien Plants in South Africa* (Pretoria, SA: Department of Water Affaires and Forestry, 2001).
14 Vandana Shiva 他, *Doon Valley Ecosystem* (Government of India:Report produced for the Ministry of Environment).
15 Nicholas Georgescu-Roegen, *The Entropy Law and the Economic Process* (Cambridge, MA: Harvard University Press, 1974),p.2-21.
16 Vandana Shiva 他, *Ecology and the Politics of Survival*, p.300.
17 同上
18 Vandana Shiva, "Homeless in the Global Village," in Maria Mies and Vandana Shiva, *Ecofeminism* (Halifax, NS: Fernwood Publications; London:Zed Books, 1993), p.100.
19 Vandana Shiva and Afsar Jafri, *Stronger than Steel: People's Movement Against Globalisation and the Gopalpur Steel Plant* (New Delhi:Research Foundation for Science, Technology, and Ecology, 1998), p.1.
20 Vandana Shiva 他, *The Ecological Costs of Globalisation* (New Delhi:Research Foundation for Science, Technology, and Ecology, 1997), p.7.
21 "What is RTZ Doing in Orissa?" (report by Mines, Minerals and People, April 15, 2001).
22 同上
23 Prafulla Samantra, "Kashipur Alumina Projects and the Voice of Tribals for Life and Livelihood," (presentation at the Conference on Globalisation and Environment sponsored by the Research Foundation for Science, Technology and Ecology, September 30,2001).
24 Vandana Shiva, *Violence of the Green Revolution*: (London: Zed Books, 1991) ヴァンダナ・シヴァ著・浜谷喜美子訳『緑の革命とその暴力』(日本経済評論社刊)
25 V.B.Vebalkar, "Irrigation by Groundwater in Maharashtra," (Poona, India: Groundwater Survey and Development Agency, 1984).
26 Anjana Trivedi and Rajendar Bandhu, "Report of Water Scarcity in Malwa," *Niti Marg* (May 2001), p.19-25.
27 同上
28 Lloyd Timberlake, *Africa in Crisis: The Causes, the Cures of Environmental Bankruptcy* (London: International Institute for Environment and Development, 1985).
29 Anjana Trivedi and Rajendar Bandhu, "Report of Water Scarcity in Malwa,"
30 同上
31 Centre for Science and Environment, "Water Report," Delhi, 2000.
32 Vandana Shiva 他, *Ecology and the Politics of Survival*, p.187.
33 "Gujarat in for Acute Water Famine," *Times of India*, December 20, 1986; "Solutions that Hold No Water," *Times of India*, December 8, 1986.
34 V.B.Hebalker, "Irrigation by Groundwater in Maharashtra,"

原注

Preface
はじめに

1 2001年に刊行された主な出版物における水の危機に関する記事については、以下を参照。 Sandra L. Postel and Aaron T. Wolf, "Dehydrating Conflict, "*Foreign Policy*, September/November 2001, p.60; "Crazed by Thirst: Canadians are in Lather Over Water Exports," *The Economist*, September 15, 2001, p.34: Nicholas George, "Billions Face Threat of Water Shortage," *Financial Times*, August14, 2001, p.6; "Water in China: In Deep," *The Economist*, August 18, 2001, "Low Water," *Financial Times*, August 14, 2001, p.12.

2 Jim Yardley, "For Texas Now, Water, Not Oil, Is Liquid Gold," *New York Times*, April 16, 2001, A1.

3 これらの国々における水紛争に関するより詳細な議論は本書の第3章を参照のこと。

Introduction
潤沢から欠乏への転換

1 Bill Aitkin, *Seven Sacred Rivers* (Columbia, MO: South Asia Books, 1992), p.1.

2 Marq De Villiers, *Water: The Fate of Our Most Precious Resource* (New York: Houghton Mifflin. 2000), p.17.

3 同上 p.18.

4 Robin Clarke, *Water: The International Crisis* (Cambridge, MA: MIT Press, 1993), p.67.

5 Sandra Postel, *Water for Agriculture* (Washington, DC: Worldwatch Institute, 1989),

6 同上

7 Vandana Shiva, *Staying Alive:Women, Ecology and Development in India* (London: Zed Books, 1988), p.67-77. ヴァンダナ・シヴァ著・熊崎実訳『生きる歓び——イデオロギーとしての近代科学批判』(築地書館)

8 Vandana Shiva 他, *Ecology and the Politics of Survival:Conflicts Over Natural Resources in India* (New Delhi:Sage, 1991) , p.109.

9 Mira Behn, "Something Wrong in the Himalaya," (n.d.)

10 Vandana Shiva 他, *Ecology and the Politics of Survival*, p.147.

11 同上

12 Vandana Shiva, *Staying Alive*,p.82. ヴァンダナ・シヴァ著・熊崎実訳『生きる歓び』

訳者あとがき

本書は“WATER WARS : Privatization, Pollution and Profit” by Vandana Shiva (South End Press, 2002) の全訳である。

二〇〇二年の初夏、私は北インド、ヒマラヤ山麓のデラドゥーン郊外にシヴァ女史が運営する自然農法の実践農場、ビジャ・ビディヤピートを訪ねた。ちょうど八月末に控えていたヨハネスブルグ子供サミットに向けてのワークショップが行なわれており、彼女は畑の真ん中で、デリーやデラドゥーンから参加してきた子供たちに種、肥料、土、樹木、野菜について熱心に話していた。

その合間を縫って、女史は私の質問にエネルギッシュに答えてくれた。食糧、農業、狂牛病、遺伝子組み換え、化学肥料、水、環境破壊などについて彼女は、はじけるような身振り手ぶりと大きな張りのある声で語ってくれた。第三世界の貧しく弱い人々の先頭に立って、世界資本と多国籍企業が進める生態系と自然環境の破壊に対して、真っ向から立ち向かう信念と確信に満ちたシヴァ女史との出会いであった。

ヴァンダナ・シヴァは北インド、パンジャブ州のドゥーン渓谷に、森林監察官の娘として生まれ、ヒマラヤ山麓の自然に包まれて育った。七〇年の初頭、チプコ運動に出会った時期を境に、専門の原子核物理学研究から自然科学へと関心を移した。その後、故郷の山の村に計画されたセメント工場の建設計画反対運動、建設の中止というプロセスを通して環境思想活動家ヴァンダナ・シヴァが誕生した。

以来、彼女の活躍と貢献はめざましい。一九九三年にはグローバリゼーションに関する国際フォーラムのリーダーとして「ライト・ライブリフッド賞」を授与され、世界的に認知される存在となった。現在は、「科学技術自然資源政策研究基金」を率いてインドのみならず世界中を飛び回り、精力的に活動している。

「もうすぐに麦が生えてきますよ」。種まきを終えたばかりの乾いた土の畝に立って、雄大なヒマラヤ山脈を背景に、知性と魂で感じ取り、知りえた自然と人間の関わりの真理をまるで奏でるように子供たちに説くシヴァ女史を見ながら「この人の書いた本なら訳してみたい」と私は生まれて初めて思った。

二〇〇三年二月初頭、日本政府はさりげなく「水道事業の民営化」の方針を発表した。「民営化計画」の骨子は「高い水道料金を抑え、経営を好転させ、サービスの向上をはかる」ためで、しかも料金は五％下げ、これまでの自治体職員を出向の形で引き受けるのが委託の条件だという。外資の参入も視野に入っており、すでにヴィヴェンディとテームズウォーターと商社が動き出している。これらの企業と商社はどのようなマジックでこんな条件を満たすというのか。

いよいよこの日本でも水戦争が起きるかもしれない。ついに水も、私たちの生活に深く関わる問題として真剣に語るべき時が来たのである。本書は、難解な事柄の多い水問題を根本から理解し、問題意識を確立するためにも最適のバイブルといえる。かくなる意義ある書物の邦訳を担当できたことはこの上ない喜びであり、出版を実現された緑風出版の高須次郎、高須ますみ両氏と、制作を担当していただいた斎藤あかねさんに心から感謝の意を表したい。

二〇〇三年二月　　神尾　賢二

［著者略歴］

ヴァンダナ・シヴァ（Vandana Shiva）

環境問題、女性解放問題、国際問題に関する世界でも最もエネルギッシュで挑発的な女性思想家のひとり。物理学者、環境科学者、平和運動家。1993年、もうひとつのノーベル賞としても知られているライト・ライブリフッド賞を受賞。「科学技術自然資源政策研究基金」の理事を務める。『バイオパイラシー――グローバル化による生命と文化の略奪』（松本丈二・訳、緑風出版）、『緑の革命とその暴力』（浜谷喜美子・訳、日本経済評論社）、『生きる歓び――イデオロギーとしての近代科学批判』（熊崎實・訳、築地書館）など多数の著書がある。

［訳者略歴］

神尾賢二（かみお　けんじ）

1946年大阪生まれ。早稲田大学中退。
フランス、スペイン留学後、記録映画監督、テレビ番組ディレクター、映画プロデューサーなどを経て現在、番組制作会社勤務。本書は処女翻訳。鎌倉市在住。

ウォーター・ウォーズ
—水の私有化、汚染そして収益をめぐって——

2003年3月31日　初版第1刷発行　　**定価2200円＋税**
2009年2月10日　初版第2刷発行

著　者　ヴァンダナ・シヴァ
訳　者　神尾賢二
発行者　高須次郎
発行所　緑風出版©

〒113-0033　東京都文京区本郷2-17-5　ツイン壱岐坂
［電話］03-3812-9420　［FAX］03-3812-7262
［E-mail］info@ryokufu.com
［郵便振替］00100-9-30776
［URL］http://www.ryokufu.com/

装　幀　堀内朝彦
写　植　R 企 画
印　刷　シナノ　巣鴨美術印刷
製　本　シナノ
用　紙　大宝紙業　　E750（TE2750）

Printed in Japan　　ISBN4-8461-0301-3　C0036